沙尔沁基地
鸟类图谱

张福顺　帅凌鹰　林克剑　主编

中国农业科学技术出版社

图书在版编目（CIP）数据

沙尔沁基地鸟类图谱 / 张福顺，帅凌鹰，林克剑主编 . -- 北京：中国农业科学技术出版社，2024.10.
ISBN 978-7-5116-7115-8

Ⅰ . Q959.708-64

中国国家版本馆 CIP 数据核字第 202444MU07 号

本书由国家自然科学基金项目（32172437）和内蒙古自治区自然科学基金项目（2024LHMS03005）资助出版

责任编辑	李冠桥
责任校对	王　彦
责任印制	姜义伟　王思文

出 版 者	中国农业科学技术出版社
	北京市中关村南大街 12 号　　邮编：100081
电　　话	（010）82106632（编辑室）　　（010）82106624（发行部）
	（010）82109709（读者服务部）
网　　址	https: // castp.caas.cn
经 销 者	各地新华书店
印 刷 者	北京捷迅佳彩印刷有限公司
开　　本	210 mm × 297 mm　1/16
印　　张	7
字　　数	200 千字
版　　次	2024 年 10 月第 1 版　2024 年 10 月第 1 次印刷
定　　价	80.00 元

版权所有·侵权必究

《沙尔沁基地鸟类图谱》
编委会

主　编　张福顺　　帅凌鹰　　林克剑

编　者（按姓氏笔画排序）

马婉兰　王　凯　石　柯　白雪东

白静雯　许文杰　纪　磊　苏　秦

吴亚男　沙福佳　张兴旺　罗　越

罗雨欣　孟　迪　赵云华　段俊杰

姜胜男　洪　康　浩　特　蔡丽艳

戴思维

世外桃源，飞羽天堂：沙尔沁鸟类概况

如果不是亲身经历，大概很难想象在距离呼和浩特市区不过半小时车程的地方，竟坐落着这样一处空气清新、景色宜人的世外桃源，这就是中国农业科学院草原研究所的沙尔沁基地。这里不仅拥有5 000亩[①]的辽阔土地，更拥有包含农田、草地、湿地、林地在内的多种生境，为众多野生动物尤其是鸟类的繁衍生息提供了理想条件。根据我们近年来的观察记录，目前沙尔沁基地有记录的野生鸟类已超过100种，其中不乏一些国家级重点保护动物。这里将对沙尔沁基地的鸟类基本情况作一简介。

根据鸟类在形态和习性上的特征差异，通常可以把鸟类分成游禽、涉禽、陆禽、攀禽、猛禽、鸣禽等几大类群。让我们先从游禽说起。

顾名思义，游禽指的是喜爱游水、主要在水面上活动觅食的鸟类，包括䴙䴘（pì tī）、鸬鹚、野鸭、大雁、天鹅等类群。在沙尔沁基地，最常见到的一类游禽是䴙䴘，其中又以小䴙䴘和凤头䴙䴘较为常见。对于观鸟缺乏经验的朋友，往往会把䴙䴘当作野鸭，但仔细一看就会发现它们的区别：䴙䴘的嘴较为尖细，喜欢潜水，主要以鱼类为食，且不善飞行；相比而言，野鸭的嘴较为宽扁，较少潜水，食性方面则属于以植物为主的杂食性，具有较强的飞行能力。䴙䴘中的高光物种是国家二级保护动物黑颈䴙䴘，曾于2022年秋季光临沙尔沁基地。就野鸭来说，基地最常见的是斑嘴鸭、赤麻鸭和绿头鸭这三种大型野鸭，在春秋迁徙季还能看到以赤嘴潜鸭、白眼潜鸭、凤头潜鸭为代表的多种中小型野鸭。值得一提的是，2024年春季首次在沙尔沁基地记录到了国家一级保护动物、极危物种青头潜鸭。至于该物种今后是否还会经常在基地出现，我们将拭目以待。

涉禽是喜欢在水边活动觅食的鸟类，通常分布在湖泊沿岸地带或浅水区域，往往具有"腿长、嘴长、脖子长"的"三长"特征。沙尔沁基地的涉禽代表主要包括鹭类和鸻鹬（héng yù）类，前者体型较大，主要捕食鱼类，后者体型较小，以无脊椎动物和小型鱼类为主食。苍鹭、草鹭、大白鹭、夜鹭、池鹭、黄苇鳽（jiān）都是沙尔沁基地的常见鹭类，国家一级保护动物黑鹳（guàn）、国家二级保护动物白琵鹭和隐身高手大麻鳽则是属于观鸟爱好者的意外惊喜。鸻鹬类中，这里最常见到的则是灰头麦鸡和凤头麦鸡这两种体型较大的鸻类，以及踩着高跷的"红脚娘子"黑翅长脚鹬。同样，春秋迁徙季也是观察鸻鹬类的好时机，此时在一些临时积水形成的小水坑里往往会有惊喜。金斑鸻、金眶鸻、铁嘴沙鸻、青脚鹬、矶鹬、林鹬、白腰草鹬、反嘴鹬、半蹼鹬、红颈瓣蹼鹬、黑尾塍（chéng）鹬、尖尾滨鹬、扇尾沙锥等十多种鸻鹬类都曾先后造访过基地水塘，花样品种多得让人目不暇接。此外值得一提的是，黑水鸡和白骨顶这两种鹤形目秧鸡科鸟类虽然常被列入涉禽，但其实大部分时间都是在水面游动觅食，可以视作涉禽和游禽间的过渡类型。

陆禽主要指大部分时间在地面活动觅食的鸟类，常见类群包括鸠鸽目的斑鸠和鸽子，以及鸡形目的鹌鹑和各种野鸡。沙尔沁基地的陆禽相对种类较少，数量却很多，属于基地的鸟类主力军。斑鸠方面，南方常见的珠颈斑鸠和山斑鸠在这边却很少出现，取而代之的是成群结队的灰斑鸠，在基地任何

[①] 1亩约为667m^2，全书同。

区域都能看到，堪称基地最常见的鸟种之一。环颈雉则是基地最常见的野鸡，时常躲藏在深草丛中，只有当人靠近时才会仓惶飞离。

攀禽顾名思义喜欢攀爬，包括啄木鸟目、佛法僧目、犀鸟目、鹃形目等多种形态各异的鸟类。为适应攀爬行动，很多攀禽的脚趾也发生了相应变化，由三前一后变成了两前两后，更有利于它们抓稳树干。基地的攀禽主要包括星头啄木鸟、大斑啄木鸟、灰头绿啄木鸟3种啄木鸟，鹃形目的大杜鹃，犀鸟目的戴胜，以及佛法僧目的普通翠鸟。攀禽往往外形独特、色彩艳丽，是观鸟和摄影的绝佳目标。需要说明的是，攀禽并不见得只生活在树木上，像戴胜和灰头绿啄木鸟很多时候也喜欢在地面搜寻昆虫，而翠鸟则时常停落在芦苇或香蒲等挺水植物上伺机出击。

猛禽是一类主要以其他动物为食、嘴如弯钩的强悍鸟类，在我国包括隼（sǔn）形目、鹰形目和鸮（xiāo）形目，大致对应于隼类、鹰类［又可细分出鹰、鹗（è）、鹞（yào）、鸢（yuān）、鵟（kuáng）、雕、海雕、鹫（jiù）等多种类型］和猫头鹰。猛禽身形健美、目光锐利，历来是观鸟者和摄影家的心头所爱。同时，由于猛禽通常在食物链中处于较高层级，对于生态系统的结构和功能发挥着重要作用，加之数量通常较少，故往往都是重点保护对象。在我国，所有的猛禽均被列入《国家级重点保护野生动物名录》。沙尔沁基地最常见的猛禽包括红隼、红脚隼（也叫阿穆尔隼）和燕隼这3种小型猛禽，但也时有游隼、白腹鹞、普通鵟等中型猛禽出现。2023年春季，国家一级保护动物猎隼曾短暂光临沙尔沁基地，在一个招鹰架上停落了一段时间。此外，憨态可掬的纵纹腹小鸮（一种主要在白天活动的小猫头鹰）也曾在基地一个夏季出现过。猛禽的种类和数量是反映生态系统完整度和健康状态的重要指标，需要予以足够重视。

鸣禽包括各种雀形目鸟类，是鸟类中最为五花八门的一个类群，其中最大型的物种（渡鸦）和最小型的物种在体重上可以相差数百倍。之所以叫作鸣禽，是因为很多雀形目小鸟拥有发达的鸣管，在繁殖季能发出悦耳多变的叫声。也由于这个缘故，很多鸣禽被人大肆捕捉，沦为失去自由的笼养鸟，导致其种群数量受到了很大威胁，画眉、红喉歌鸲（qú）、蒙古百灵都是这方面的典型。不过，鸣禽的叫声也并不总是令人愉悦的，有的甚至嘈杂嘶哑，如乌鸦、喜鹊、灰喜鹊等体型较大的鸣禽就是如此。沙尔沁基地的鸣禽种类也为数不少，除了北方常见的麻雀、喜鹊、乌鸦三大件以外，还常能见到黑喉石䳭（jí）、北红尾鸲、北灰鹟（wēng）等体态轻盈的鹟科鸟类，黄头鹡鸰、白鹡鸰（jí líng）、理氏鹨等喜欢在水坑边觅食的鹡鸰科小鸟，以及东方大苇莺、山噪鹛（méi）、红嘴山鸦等叫声独特的鸟类。值得一提的是，沙尔沁基地分布有成群结队的达乌里寒鸦，与很多通体黑色的乌鸦不同，它们身上有大面积的白色区域，充分说明了"天下乌鸦一般黑"这句话并不全面。

目前，沙尔沁基地鸟类名录仍在逐年增加，不仅说明沙尔沁基地良好的生态环境对众多鸟类具有较为持久的吸引力，也说明这里的鸟类资源还大有挖掘潜力。对鸟类多样性加以长期监测是开展生态资源保护的重要前提，我们在沙尔沁基地的鸟类调查也将延续下去。最后，希望这本书的出版能为呼和浩特市的观鸟爱好者提供一些有用的参考信息，为沙尔沁基地的生态建设和呼和浩特市的鸟类保护贡献一份绵薄之力。

编　者

2024年9月

目 录 CONTENTS

沙尔沁鸟类群英谱 ················ 1

☆ **雁形目** ···················· 1
    小天鹅 ················ 1
    翘鼻麻鸭 ·············· 2
    赤麻鸭 ················ 3
    白眉鸭 ················ 4
    琵嘴鸭 ················ 5
    赤膀鸭 ················ 6
    罗纹鸭 ················ 7
    赤颈鸭 ················ 8
    斑嘴鸭 ················ 9
    绿头鸭 ················ 10
    绿翅鸭 ················ 11
    赤嘴潜鸭 ·············· 12
    青头潜鸭 ·············· 13
    白眼潜鸭 ·············· 14
    凤头潜鸭 ·············· 15
    斑背潜鸭 ·············· 16

☆ **鸡形目** ···················· 17
    环颈雉 ················ 17

☆ **鸊鷉（pì tī）目** ············ 18
    小鸊鷉 ················ 18
    凤头鸊鷉 ·············· 19
    黑颈鸊鷉 ·············· 20

☆ **鹳形目** ···················· 21
    黑鹳 ·················· 21

☆ **鹈（tí）形目** ··············· 22
    白琵鹭 ················ 22
    大麻鳽（jiān） ········ 23
    黄苇鳽 ················ 24
    夜鹭 ·················· 25
    池鹭 ·················· 26
    牛背鹭 ················ 27
    苍鹭 ·················· 28
    草鹭 ·················· 29
    大白鹭 ················ 30
    白鹭 ·················· 31

☆ **鲣（jiān）鸟目** ············· 32
    普通鸬鹚（lú cí） ······ 32

☆ **鹰形目** ···················· 33
    白腹鹞 ················ 33
    普通鵟（kuáng） ······· 34

☆ **鹤形目** ···················· 35
    黑水鸡 ················ 35
    白骨顶 ················ 36

☆ **鸻（héng）形目** ············· 37
    黑翅长脚鹬（yù） ······ 37
    反嘴鹬 ················ 38

鸟名	页码
凤头麦鸡	39
灰头麦鸡	40
金斑鸻	41
金眶鸻	42
环颈鸻	43
铁嘴沙鸻	44
黑尾塍鹬	45
尖尾滨鹬	46
弯嘴滨鹬	47
长趾滨鹬	48
半蹼鹬	49
扇尾沙锥	50
红颈瓣蹼鹬	51
矶鹬	52
白腰草鹬	53
红脚鹬	54
林鹬	55
鹤鹬	56
青脚鹬	57
红嘴鸥	58
普通燕鸥	59
须浮鸥	60
白翅浮鸥	61

☆ 鸽形目 62
　灰斑鸠 62
　珠颈斑鸠 63

☆ 鹃形目 64
　大杜鹃 64

☆ 鸮形目 65
　纵纹腹小鸮 65

☆ 佛法僧目 66
　普通翠鸟 66

☆ 犀鸟目 67
　戴胜 67

☆ 䴕（liè）形目 68
　星头啄木鸟 68
　大斑啄木鸟 69
　灰头绿啄木鸟 70

☆ 隼（sǔn）形目 71
　红隼 71
　红脚隼 72
　燕隼 73
　猎隼 74
　游隼 75

☆ 雀形目 76
　荒漠伯劳 76
　楔尾伯劳 77
　喜鹊 78
　红嘴山鸦 79
　达乌里寒鸦 80
　秃鼻乌鸦 81
　文须雀 82
　凤头百灵 83
　家燕 84
　东方大苇莺 85
　山噪鹛 86
　灰椋鸟 87
　红尾鸫（dōng）...... 88
　北灰鹟（wēng）...... 89
　北红尾鸲（qú）...... 90
　黑喉石䳭（jí）...... 91
　麻雀 92
　黄头鹡鸰（jí líng）...... 93
　白鹡鸰 94
　理氏鹨（liù）...... 95
　树鹨 96
　水鹨 97
　金翅雀 98
　田鹀（wú）...... 99
　苇鹀 100
　芦鹀 101

附录：关于观鸟的一些问答 102

沙尔沁鸟类群英谱

雁形目

小天鹅

【英 文 名】Tundra Swan
【学   名】*Cygnus columbianus*
【分类信息】雁形目鸭科
【保护等级】国家二级保护动物
【体   长】115～150 cm
【描   述】小天鹅有着一身洁白的羽毛和完美的"天鹅颈",常常将它们的脖子伸直,宛如鸟中贵族。嘴部为黑色,基部有一部分黄色区域,腿和脚都为黑色。与大天鹅相比,它们的体型稍小,脖子略短,嘴基部的黄色区域也较小,不超过鼻孔。小天鹅喜爱集群活动,鸣叫声音调较高,在繁殖期间有较强的领地意识。
【食   性】杂食,主要食水生植物的块茎或地下茎。
【生   境】喜爱海岸、沼泽、湖泊等湿地环境。
【观 鸟 tip①】根据我们的观察记录,小天鹅会在秋冬季南迁时短暂光临基地湖泊。

---

① tip:提示。

翘鼻麻鸭

【英 文 名】Common Shelduck
【学　　名】*Tadorna tadorna*
【分类信息】雁形目鸭科
【保护等级】《国家保护的有重要生态、科学、社会价值的陆生野生动物名录》
【体　　长】58～67 cm
【描　　述】颜色鲜艳，体羽以白色为主，头部和上颈为黑褐色，胸部的栗色横带连接着一黑色纵带，嘴为鲜红色，飞翔时能看到它的飞羽是黑色的。雄鸟最显著的特征是它的"大红鼻子"——嘴基部生出的红色皮质瘤。常集群活动，迁徙季的时候经常是成百上千只地聚集在沙滩边休憩。
【食　　性】食性很杂，主要以水生昆虫、软体动物、植物叶子为食。
【生　　境】栖息于开阔的草地、湖泊、海岸沙滩。
【观 鸟 tip】春季迁徙季有时会出现在基地北部的池塘里。

赤麻鸭

- 【英 文 名】Ruddy Shelduck
- 【学　　名】*Tadorna ferruginea*
- 【分类信息】雁形目鸭科
- 【保护等级】《国家保护的有重要生态、科学、社会价值的陆生野生动物名录》
- 【体　　长】58~71 cm
- 【描　　述】赤麻鸭是一种大型野鸭，外貌独特，是一眼就能从鸭群中脱颖而出的橙色精灵。事实上，"鸳鸯"一词原本指的就是赤麻鸭，现在所说的鸳鸯在古代被称为溪鶒（chì）。它身体橙红色，头部黄色，翅尖与尾部羽毛为黑色，嘴黑色且略上翘，雄性成鸟在繁殖期在颈部有细窄的黑色颈圈。繁殖期常单独或成对活动，迁飞时则常集大群，惊飞时可以清楚地看到翅膀上由次级飞羽形成的绿色翼镜。
- 【食　　性】赤麻鸭杂食，食物包括植物嫩芽、沉水植物及小型水生动物。
- 【生　　境】栖息在沿海滩涂及河口，有时也出现在湖泊农田。
- 【观鸟 tip】赤麻鸭是基地最常见的野鸭之一，常在几个较大的湖泊中游弋鸣叫，有时也会上岸觅食或休憩。

赤麻鸭雌鸟

飞翔中的赤麻鸭雄鸟

白眉鸭

- 【英 文 名】Garganey
- 【学　　名】*Spatula querquedula*
- 【分类信息】雁形目鸭科
- 【保护等级】《国家保护的有重要生态、科学、社会价值的陆生野生动物名录》
- 【体　　长】37～41 cm
- 【描　　述】顾名思义，白眉鸭的雄成鸟头部有一道醒目的白色宽眉，雌鸟的白眉相比之下显得短而细。白眉鸭头部和胸部呈巧克力色，且密布白色细纹，腹部羽毛银白色，背部具有银灰色的流苏状羽毛。常集小群活动，胆怯而机警，喜爱在有高大水草遮蔽的地方行动，叫声独特奇异，像冰块出现裂纹时产生的声响。
- 【食　　性】以水生植物为主，偶尔会捕食小型水生动物。
- 【生　　境】栖息于水生植物茂盛的湖泊水塘。
- 【观 鸟 tip】迁徙季有时会出现在基地北部的湖泊里。

琵嘴鸭

- 【英 文 名】Northern Shoveler
- 【学   名】*Spatula clypeata*
- 【分类信息】雁形目鸭科
- 【保护等级】《国家保护的有重要生态、科学、社会价值的陆生野生动物名录》
- 【体   长】44～51 cm
- 【描   述】琵嘴鸭性二型明显,雄鸟繁殖期间头部蓝绿色,胸部白色,两侧及腹部羽毛为棕褐色,亮黄色的眼膜让它看上去有点"大聪明"气质,雌性琵嘴鸭整体颜色褐色,与许多雌性鸭子类似。琵嘴鸭与一众鸭类最不同的点就是它的嘴特别宽大,末端状似铲子。这也决定了琵嘴鸭与其他鸭类不同的取食习惯,既可以用宽大的嘴在水里挖掘植物,也可以用它过滤取食。
- 【食   性】主要以小型水生动物为食,有时也吃植物。
- 【生   境】琵嘴鸭多栖息在开阔的湖泊,尤其是植被丰富的开阔湖泊。
- 【观 鸟 tip】琵嘴鸭在基地出现的时候不多。曾在春季迁徙季记录到一次琵嘴鸭,当时是和绿头鸭混群活动。

赤膀鸭

- 【英 文 名】Gadwall
- 【学　　名】*Mareca strepera*
- 【分类信息】雁形目鸭科
- 【保护等级】《国家保护的有重要生态、科学、社会价值的陆生野生动物名录》
- 【体　　长】46~58 cm
- 【描　　述】体型中等的野鸭，雌雄鸟外表差别较大，乍一看像是两个物种。雄成鸟头部为淡褐色，嘴为黑色，躯干大部分为银灰色并且遍布黑色细纹，尾部覆盖着黑色羽毛，飞翔时能看到栗色的覆羽，这也是"赤膀"一词的由来。雌鸟整体为褐色，嘴为橙黄色，上嘴中间褐色，并且有贯眼纹。总的说来，赤膀鸭的雌鸟与绿头鸭的雌鸟外形较相似，但体型较小。
- 【食　　性】主要以植物为食。
- 【生　　境】赤膀鸭喜欢在水生植物茂盛的河流、湖泊与水塘中生活。
- 【观 鸟 tip】赤膀鸭是较常出现在基地的野鸭，整个繁殖季都可能见到，通常成对出现。

赤膀鸭（左雄右雌）

罗纹鸭

【英 文 名】Falcated Duck
【学　　名】*Mareca falcata*
【分类信息】雁形目鸭科
【保护等级】《国家保护的有重要生态、科学、社会价值的陆生野生动物名录》
【体　　长】46～54 cm
【描　　述】罗纹鸭雄鸟喉部至颈为白色，有黑色颈环，头部两侧为铜绿色，头顶红褐色，胸和两胁间覆盖着密密麻麻的黑白相间波纹。背部长而弯的黑白色流苏为它增添了古典气息。雌鸟整体褐色，全身有波状斑纹。常集大群活动。飞行时黑色的翼镜可作为识别特征。
【食　　性】主要以植物为食，偶尔取食水生无脊椎动物。
【生　　境】常栖息在开阔的湖泊。
【观 鸟 tip】罗纹鸭在基地出现的时候不多，迁徙季偶尔光临基地湖泊。

赤颈鸭

- 【英 文 名】Eurasian Wigeon
- 【学 名】*Mareca penelope*
- 【分类信息】雁形目鸭科
- 【保护等级】《国家保护的有重要生态、科学、社会价值的陆生野生动物名录》
- 【体 长】42～50 cm
- 【描 述】中等大小的野鸭,黑而亮的眼眸、较圆润的体态让它们看上去憨厚可掬。雄性成鸟头顶有一缕粉色毛发,从嘴前端延伸至头后部,脸部及颈部棕红色,躯干整体银灰色并且覆盖黑色细纹,尾下覆羽黑色,嘴为蓝灰色。雌性成鸟与雄性差别较大,身体全为褐色,头、胸、两胁染棕色。常成对或集群活动。
- 【食 性】主要以植物为食,喜食嫩叶、块茎以及种子,偶尔取食小型无脊椎动物。
- 【生 境】多栖息在湖泊、河流、水塘。
- 【观 鸟 tip】春季迁徙季有时会光临基地湖泊。

斑嘴鸭

- 【英 文 名】Eastern Spot-billed Duck
- 【学　　名】*Anas zonorhyncha*
- 【分类信息】雁形目鸭科
- 【保护等级】《国家保护的有重要生态、科学、社会价值的陆生野生动物名录》
- 【体　　长】58～63 cm
- 【描　　述】斑嘴鸭最突出的特征就是它那位于黑色嘴部尖端的黄色斑,脸部及前颈为白色,而且具黑色贯眼纹,嘴的基部也有一条细纹,躯干整体黑褐色,覆盖有鳞状纹,飞行时可以看见翅膀上明显的蓝色翼镜。斑嘴鸭的嘴是辨别它的主要特征之一,但观鸟时也要注意仔细辨别其他形态特征,防止把其他嘴部具有类似特征(如赤膀鸭雌鸟,在野外多变的光线环境下可能会错误判断嘴部斑点部位)的鸭类误判为斑嘴鸭。
- 【食　　性】主要以植物为食,如莎草、禾草的种子,偶尔吃小型无脊椎动物。
- 【生　　境】栖息于淡水湖泊、水塘、沼泽等地带,喜欢挺水植物茂盛的地方。
- 【观 鸟 tip】基地最常见的野鸭,几乎全年可见。另外野鸭存在较多种间杂交现象,因此有时会看见一些"四不像"的中间型杂交个体。

绿头鸭

- 【英 文 名】Mallard
- 【学　　名】*Anas platyrhynchos*
- 【分类信息】雁形目鸭科
- 【保护等级】《国家保护的有重要生态、科学、社会价值的陆生野生动物名录》
- 【体　　长】50~65 cm
- 【描　　述】绿头鸭是我国家鸭的祖先之一。顾名思义，雄鸟的头部是迷人的亮绿色，在阳光下还泛着金属光泽，颈部有白色环带，胸部羽毛为栗色，嘴为黄绿色。而雌鸟相比雄鸟就低调许多，身体布满棕色斑纹，有明显的贯眼纹，嘴橙黄色并带有黑色的斑点。绿头鸭翅膀上有蓝紫色翼镜，边缘白色。
- 【食　　性】主要以植物为主，也吃各类无脊椎动物。
- 【生　　境】栖息于各种淡水环境，如湖泊、池塘等湿地。
- 【观 鸟 tip】绿头鸭雄鸟的头颈也并非一年四季都是深绿色。和许多其他雁鸭类一样，它们每年在繁殖季结束后也会有一个蚀羽期，其间雄鸟整体色泽变得暗淡斑驳，甚至类似雌鸟，有利隐蔽。

绿头鸭雄鸟

绿翅鸭

- 【英 文 名】Eurasian Teal
- 【学　　名】*Anas crecca*
- 【分类信息】雁形目鸭科
- 【保护等级】《国家保护的有重要生态、科学、社会价值的陆生野生动物名录》
- 【体　　长】34～43 cm
- 【描　　述】一种小巧精致、有着独特脸谱的野鸭。雄鸟脸部有一道明显的呈泪滴状的金属绿色贯眼纹，头部为深栗色，肩羽白色，飞翔时能看到漂亮的绿色翼镜。常集群活动，飞行时和其他鸭子一样会把头伸得很直。觅食时喜欢倒立，只露出它的屁股。
- 【食　　性】主要以水生无脊椎动物为食，也吃种子、嫩叶等植物性食物。
- 【生　　境】栖息于湖泊、池塘等淡水湿地。

赤嘴潜鸭

- 【英　文　名】Red-crested Pochard
- 【学　　　名】*Netta rufina*
- 【分类信息】雁形目鸭科
- 【保护等级】《国家保护的有重要生态、科学、社会价值的陆生野生动物名录》
- 【体　　　长】53~58 cm
- 【描　　　述】顾名思义，潜鸭类物种都比较爱潜水。赤嘴潜鸭是一种体型较大的潜鸭，也是典型的雌雄二型。繁殖期的雄鸟色泽艳丽、形态滑稽，很有迪士尼卡通角色的感觉。此时的雄鸟嘴为橘红色，头部锈红色，前半身为黑色，对比尤为明显，两胁羽毛白色，尾巴黑色，飞翔时能看到白色的翼下羽。雌鸟显得较为素雅，身体和嘴均为褐色，脸下、喉部和颈侧为白色，头顶深褐色。
- 【食　　　性】主要以水生植物的嫩芽为食，有时觅食青草和禾本科植物种子。
- 【生　　　境】常栖息在开阔的淡水湖泊和水流缓和的河流。

雄鸟

雌鸟

青头潜鸭

- 【英 文 名】Baer's Pochard
- 【学　　名】*Aythya baeri*
- 【分类信息】雁形目鸭科
- 【保护等级】国家一级保护动物
- 【体　　长】43~47 cm
- 【描　　述】青头潜鸭虽然看起来貌不惊人，却是比大熊猫数量还少的极危物种。它和其他潜鸭一样有着大大的脑袋，黑色的头颈泛着青绿色光泽，远看甚至会被误认为是绿头鸭。背部颜色为棕黑色，胸部为栗色，和白眼潜鸭一样有着白色的眼睛（准确说是虹膜）。它性格胆怯，受惊时会从水面上突然飞起。
- 【食　　性】主要以水生植物的根茎叶、种子和小型水生动物为食。
- 【生　　境】栖息于富有芦苇、水草的湖泊、池塘中。
- 【观 鸟 tip】青头潜鸭数量极少，在基地出现的次数不多，仅于2024年春季记录到一次。

白眼潜鸭

【英 文 名】Ferruginous Duck
【学　　名】*Aythya nyroca*
【分类信息】雁形目鸭科
【保护等级】《国家保护的有重要生态、科学、社会价值的陆生野生动物名录》
【体　　长】38～42 cm
【描　　述】白眼潜鸭是全深色型鸭，雄成鸟颈部及胸部为栗褐色而具金属光泽，上体黑褐色，胁部褐色，腹及尾下覆羽白色。名字中的"白眼"是指雄鸟那看着有点天然呆的白色虹膜。雌成鸟体色似雄鸟但色暗，虹膜褐色。和其他潜鸭类似，白眼潜鸭也常成对或集小群活动，擅长潜水觅食。
【食　　性】主食水生植物，亦食软体动物、甲壳动物以及水生昆虫等。
【生　　境】喜水生植物丰富的河流、湖泊。
【观 鸟 tip】白眼潜鸭是最常在基地出现的潜鸭之一，繁殖季时常三五成群在几个湖泊里游弋觅食。

凤头潜鸭

- 【英 文 名】Tufted Duck
- 【学   名】*Aythya fuligula*
- 【分类信息】雁形目鸭科
- 【保护等级】《国家保护的有重要生态、科学、社会价值的陆生野生动物名录》
- 【体   长】42 cm
- 【描   述】外形颇具动漫风的中小型野鸭,头顶有一根下垂的"小辫",这就是它形成"凤头"的羽冠。雄鸟整体颜色为黑色,两翼为白色,雌鸟通体为棕褐色,羽冠较短,嘴为蓝灰色,眼睛为黄色。凤头潜鸭喜欢集群,喜欢在深水湖泊生活。
- 【食   性】主要以鱼虾和水生植物为食。
- 【生   境】栖息于湖泊、池塘、河流等开阔的深水环境。
- 【观 鸟 tip】迁徙季时常会出现在基地湖泊中。

斑背潜鸭

- 【英 文 名】Greater Scaup
- 【学　　名】*Aythya marila*
- 【分类信息】雁形目鸭科
- 【保护等级】《国家保护的有重要生态、科学、社会价值的陆生野生动物名录》
- 【体　　长】42～47 cm
- 【描　　述】雌鸟长得和凤头潜鸭很像，混群时很难辨认。雄鸟的头、前胸、尾后均为黑色，腹部白色，背部为灰色并杂有细小的纹；雌鸟整体呈棕褐色，嘴基部有白色的斑块，斑背潜鸭和凤头潜鸭的主要区别是没有头后的羽冠，同时背部更加斑驳。喜欢混群活动，性格安静，总是静静地漂浮在水面上随波逐流。
- 【食　　性】食性很杂，主要以小型水生动物为食，也食用水生植物的茎叶和种子。
- 【生　　境】栖息于近海岸浅水处、内陆湖泊、水库等环境中。
- 【观 鸟 tip】迁徙季偶尔会出现在基地湖泊中。

鸡形目

环颈雉

- 【英 文 名】Common Pheasant
- 【学　　名】*Phasianus colchicus*
- 【分类信息】鸡形目雉科
- 【保护等级】《国家保护的有重要生态、科学、社会价值的陆生野生动物名录》
- 【体　　长】59～87 cm
- 【描　　述】环颈雉俗称野鸡，雌雄二型。雄鸟脸部红色，颈部下方有一圈明显的白色环纹，满身点缀着发光羽毛，多为橙、金、灰三色，因具有长而尖的尾羽，飞起来颇有仙气。相比于色彩斑斓的雄鸟，雌鸟就显得有些朴素，整体为棕色，具有规则的黑色花纹。它们常栖息于深草丛中，不易被人发现。但有时雄鸟会发出"咯咯咯"的打鸣声，并且鸣叫后还经常用力扇动翅膀，此举动往往会暴露自己的位置。
- 【食　　性】喜食谷类、浆果、种子和昆虫。
- 【生　　境】多栖息于农田、草丛和灌丛中。
- 【观 鸟 tip】环颈雉生性极其胆小，遇人就逃。当经过基地草丛时，小心被它扇动翅膀的声音给惊吓到。

环颈雉雄鸟

䴙䴘（pì tī）目

小䴙䴘

- 【英 文 名】Little Grebe
- 【学　　名】*Tachybaptus ruficollis*
- 【分类信息】䴙䴘目䴙䴘科
- 【保护等级】《国家保护的有重要生态、科学、社会价值的陆生野生动物名录》
- 【体　　长】25 ~ 32 cm
- 【描　　述】小䴙䴘最不能忽视的就是它呆萌的外表和格外响亮的嗓门。小䴙䴘的繁殖羽有着栗红色的脸颊和喉颈部，黑色的嘴末端白色，基部还有黄色的斑块。有种马戏团里小丑的憨憨可爱感。小䴙䴘长着形状独特且位置靠后的瓣蹼足，适合划水但不擅长走路，在水中游弋时经常会发出一长串类似打寒战的标志性叫声。
- 【食　　性】主要以小鱼虾、水生昆虫为食。
- 【生　　境】小䴙䴘喜欢水浅且水生植物茂盛的水塘和鱼塘。
- 【观 鸟 tip】小䴙䴘是基地最常见的水鸟类型，它们的一大特征是时常游着游着就潜水玩消失。

凤头䴙䴘

- 【英 文 名】Great Crested Grebe
- 【学　　名】*Podiceps cristatus*
- 【分类信息】䴙䴘目䴙䴘科
- 【保护等级】《国家保护的有重要生态、科学、社会价值的陆生野生动物名录》
- 【体　　长】46～51 cm
- 【描　　述】凤头䴙䴘是一种雍容华贵的大型䴙䴘，身体上部分呈黑褐色，其他部位大部分为白色，嘴呈粉红色。繁殖季的凤头䴙䴘在颈侧会长出红棕色鬃毛状的饰羽，高高的冠羽如同一头秀发。繁殖前期的凤头䴙䴘为了求偶还会表演水上芭蕾，有时甚至会出现一对䴙䴘共舞的情形。凤头䴙䴘幼鸟的长相极具特色，头部羽毛呈鲜明的黑白色条纹，如同斑马王子。
- 【食　　性】主要以鱼类为食，有时也会吃一些水生无脊椎动物。
- 【生　　境】多栖息于广阔的湖泊、鱼塘、水塘和人工湖。
- 【观 鸟 tip】和小䴙䴘一样全年可见，时常出现在基地改良中心门口的湖泊里。

黑颈䴙䴘

- 【英 文 名】Black-necked Grebe
- 【学 名】*Podiceps nigricollis*
- 【分类信息】䴙䴘目䴙䴘科
- 【保护等级】国家二级保护动物
- 【体 长】30~35 cm
- 【描 述】黑颈䴙䴘雌雄个体外表相似，嘴为灰黑色并且微微上翘，有着红宝石一般的眼睛。非繁殖羽头顶、后颈到背部均为黑色，两颊和喉部白色。繁殖羽色彩较为艳丽，最明显的特征是脸颊处那一撮扇形的黄色羽毛。
- 【食 性】主要食物为小鱼虾和水生昆虫。
- 【生 境】主要栖息在淡水湖泊的植被区域，喜欢广阔的湖泊、水塘、鱼塘和人工湖。
- 【观鸟 tip】黑颈䴙䴘在基地出现的时候不多，2022年夏季曾在基地记录到一只个体。

黑颈䴙䴘（前）和白骨顶

鹳形目

黑鹳

【英 文 名】Black Stork
【学　　名】*Ciconia nigra*
【分类信息】鹳形目鹳科
【保护等级】国家一级保护动物
【体　　长】95～100 cm
【描　　述】体态高大优美的大型涉禽。黑鹳鸟如其名，头、颈、脊及上体羽毛都为黑色，在天气晴朗时可看到这些区域带有的绿紫色金属光泽。眼周具红色裸皮，嘴长而直，基部最粗，往前端逐渐变细。黑鹳腹部及尾下覆羽白色，腿较长为鲜艳的红色，爪子钝而短，飞行时翅膀宽阔有力。黑鹳性格谨慎，人难以接近。
【食　　性】主要以鱼类为食，也取食蛙、昆虫等食物。
【生　　境】主要栖息于大型湖泊、沼泽和河流以及开阔平原的浅水处，营巢于峭壁或高树上。
【观鸟 tip】黑鹳在呼和浩特市海流水库、石咀子水库时有出现，在基地出现的时候不多，2024年春季曾记录到一次。

黑鹳（左）和白琵鹭

鹈(tí)形目

白琵鹭

- 【英 文 名】Eurasian Spoonbill
- 【学　　名】*Platalea leucorodia*
- 【分类信息】鹈形目鹮(huán)科
- 【保护等级】国家二级保护动物
- 【体　　长】70～95 cm
- 【描　　述】一种外形独特的大型水鸟，嘴长且扁平，前部膨大呈琵琶形，故得名白琵鹭。白琵鹭的嘴和腿为黑色，全身羽毛洁白如雪，脖子相比白鹭则较为粗短。处于繁殖季的成鸟头顶长出淡黄色冠羽，嘴前端也被涂上黄色，给白琵鹭增添了一些文艺感。白琵鹭常采用"扫雷"方式进行寻找食物，脖子往前一伸，将嘴埋入水中便开始扫荡寻食。常集群活动。
- 【食　　性】以水生昆虫、甲壳类、蠕虫、软体动物、小鱼等为食。
- 【生　　境】喜泥泞水滩、湖泊或泥滩。
- 【观鸟 tip】夏季白琵鹭常会三三两两地出现在基地北部的几个池塘里。白琵鹭比较警觉，观赏时不要急于靠近，以免过早惊飞。

大麻鳽(jiān)

【英 文 名】Eurasian Bittern
【学　　名】*Botaurus stellaris*
【分类信息】鹈形目鹭科
【保护等级】《国家保护的有重要生态、科学、社会价值的陆生野生动物名录》
【体　　长】69～81 cm
【描　　述】大麻鳽是一种形态独特的大型鹭类，体态粗壮敦实，整体黄褐色，头部、脸颊、背部布有黑色条纹。大麻鳽有着长长的脖子，行走时缩起脖子的样子像一个移动的巨大枣核，而当它们伸长了脖子炸开了毛时又像极了一个鸡毛掸子。大麻鳽常单独行动，当它们遇到危险时，常伸出脖子、抬起头、嘴朝天，然后呆站着一动不动，模拟周围的枯草或树桩。
【食　　性】喜食小鱼小虾、蛙类及其他水生昆虫。
【生　　境】喜欢水生植物茂密的湿地生境，尤其喜欢与自己颜色相似的草丛。
【观 鸟 tip】在基地的芦苇丛或水边的草地上有时可以见到这位神奇的鸟类朋友。

隐藏在草丛中的大麻鳽

被惊飞的大麻鳽

黄苇鳽

- 【英 文 名】Yellow Bittern
- 【学　　名】*Ixobrychus sinensis*
- 【分类信息】鹈形目鹭科
- 【保护等级】《国家保护的有重要生态、科学、社会价值的陆生野生动物名录》
- 【体　　长】30～40 cm
- 【描　　述】黄苇鳽是一种从形态到作风都有些"鸡贼"的小型鹭类。整体黄褐色，具有黑色的顶冠，背部常带粉色，幼鸟头部、背部、颈部具深色条纹，成鸟条纹淡去，但雌性成年颈部条纹依旧明显，飞行时可见其飞羽为黑色。黄苇鳽有着巨大的爪子，既可以用来在荷叶上行走，也可以用来在芦苇或香蒲上攀爬。它们的脖子很长，但大部分时间都是缩起来的，一旦发现猎物后就可以猛地弹出发起攻击。
- 【食　　性】主要以小鱼、小虾为食，也捕食小型蛙类和水生昆虫。
- 【生　　境】喜爱水生植物生长茂盛的湿地。
- 【观 鸟 tip】通常隐匿在基地的芦苇丛中，也常在几个池塘间飞来飞去，需要仔细观察、小心靠近。

黄苇鳽亚成体

夜鹭

【英 文 名】Black-crowned Night Heron
【学   名】*Nycticorax nycticorax*
【分类信息】鹈形目鹭科
【保护等级】《国家保护的有重要生态、科学、社会价值的陆生野生动物名录》
【体   长】58～65 cm
【描   述】夜鹭体态敦厚，成鸟头部至背部蓝黑色，头顶一般具1～3根白色冠羽，胸前至下体白色，翅膀和尾羽灰白色，这样的配色让它在缩起脖子时看上去有些像企鹅，故有"中华田园企鹅"之诨名。夜鹭腿黄绿色，大眼睛和红色虹膜让它看上去有种独特的气质。夜鹭幼鸟与池鹭幼鸟都是灰扑扑的，乍一看有些相似，但夜鹭幼鸟身上密布白色雨滴状斑点，而池鹭没有。夜鹭喜爱单独行动，早晨与傍晚活动较活跃，它们常常在水边长久地凝视水面等待猎物，看上去像是陷入了沉思。
【食   性】主要以鱼类、虾、水生昆虫等小动物为食。
【生   境】喜爱长有茂盛植被的湿地生境，和池鹭一样也会上树栖息。

池鹭

- 【英 文 名】Chinese Pond Heron
- 【学　　名】*Ardeola bacchus*
- 【分类信息】鹈形目鹭科
- 【保护等级】《国家保护的有重要生态、科学、社会价值的陆生野生动物名录》
- 【体　　长】42～52 cm
- 【描　　述】池鹭有着黄色的嘴、黑色的嘴尖、黄色的眼睛和腿，非繁殖期整体呈灰褐色，雄鸟在繁殖期间头部、颈部和胸部的羽毛转为栗红色，背部披上了蓝黑色饰羽，飞行时可见其洁白无瑕的美丽翅膀，煞是好看。
- 【食　　性】主要捕食小鱼小虾、蟹、蛙、水生昆虫等，偶尔也会摄取一些植食性食物。
- 【生　　境】喜爱水田、池塘等浅水湿地环境。
- 【观 鸟 tip】在基地的水边或田野中有时会出现，偶尔也会在路边大树上栖息。

牛背鹭

- 【英 文 名】Eastern Cattle Egret
- 【学　　名】*Bubulcus coromandus*
- 【分类信息】鹈形目鹭科
- 【保护等级】《国家保护的有重要生态、科学、社会价值的陆生野生动物名录》
- 【体　　长】46~56 cm
- 【描　　述】牛背鹭是一种体型较小、身形圆润的白色鹭类。与白鹭相比，它的脖子和嘴都相对粗短，也并不总是在水边活动。非繁殖期时牛背鹭的羽毛雪白，繁殖期时头部、颈部、胸部、背部等部位的羽毛都会变为黄色，嘴的颜色也会变得更加鲜艳。顾名思义，牛背鹭与水牛等动物形成了共栖关系，常见于牛背上栖息，也常在家牛身边走动觅食，因此也有"放牛郎"之称。
- 【食　　性】和主食鱼虾的白鹭、苍鹭不同，牛背鹭主要以各种昆虫为食，因此时常出现在远离水体的地方。
- 【生　　境】牛背鹭栖息于开阔的草原、牧场、湖泊等多种生境。
- 【观 鸟 tip】基地水边的草地上常有家养牛栖息，夏季时牛背鹭有时也会"应召而来"。

苍鹭

- 【英 文 名】Grey Heron
- 【学　　名】*Ardea cinerea*
- 【分类信息】鹈形目鹭科
- 【保护等级】《国家保护的有重要生态、科学、社会价值的陆生野生动物名录》
- 【体　　长】90～98 cm
- 【描　　述】苍鹭体态优雅，因头、颈、脚甚长，显得极为纤细。整体颜色呈青灰色，故有"青庄"之别称。宽阔、细长的黑色眉纹延伸至脑后形成了顶冠，前颈具纵行黑斑，飞行时可见其黑色飞羽。苍鹭常单独或成对活动，在迁徙时集成大群。作为一个有耐心的猎手，苍鹭可在水边像桩子一样站立数个小时，只为等待过往的鱼群和其他小动物，因此得了个"老等"的外号。
- 【食　　性】主要以蛙、鱼等小型脊椎动物为食，有时会捕食鼠类等小型哺乳动物。
- 【生　　境】喜爱各种滨水湿地。
- 【观 鸟 tip】在基地湖边或木板桥上，时常可以看见苍鹭的身影。

草鹭

- 【英 文 名】Purple Heron
- 【学 名】*Ardea purpurea*
- 【分类信息】鹈形目鹭科
- 【保护等级】《国家保护的有重要生态、科学、社会价值的陆生野生动物名录》
- 【体 长】78～90 cm
- 【描 述】草鹭是一种大型鹭，比苍鹭更加干瘦纤细，站立时整体栗、灰两色，顶冠黑色，颈细长并具有两道黑色纵纹，背部偏灰，飞行时可见其飞羽和尾羽皆为黑色。草鹭休息时喜爱集群，活动时往往单独行动。不似苍鹭经常"大摇大摆"地站在水边，草鹭常常隐匿在芦苇丛中，难以被发现。
- 【食 性】喜食小型鱼类、两栖类、爬行类等动物。
- 【生 境】喜欢水生植物生长茂盛的湿地，如芦苇丛、稻田等。
- 【观 鸟 tip】基地的湖泊中有着成片的、茂密的水生植物，为草鹭提供了良好的藏身之所。有时还未等人们走近，隐匿的草鹭就已经被惊起，扇动着翅膀飞远了。

大白鹭

- 【英 文 名】Great Egret
- 【学　　名】*Ardea alba*
- 【分类信息】鹈形目鹭科
- 【保护等级】《国家保护的有重要生态、科学、社会价值的陆生野生动物名录》
- 【体　　长】80～104 cm
- 【描　　述】大白鹭是中大型涉禽，身高甚至高于苍鹭，有着"风漂公子"的称号。大白鹭全身雪白，腿和脚均黑色，嘴在繁殖季时由黄变黑，且脸颊裸露皮肤呈现美丽的蓝绿色。和其他白鹭相比，大白鹭的脖子更加细长，中间部分宛如被人打了一拳般有一个突兀的转折。通常单独或集小群活动，偶尔与其他鹭混群。大白鹭与嘈杂的小白鹭不同，一般不发声，受惊时偶尔会发出嘶哑的声音。
- 【食　　性】以各种昆虫、甲壳类、小鱼小虾等动物为食。
- 【生　　境】栖息于各种湿地生境。
- 【观 鸟 tip】在基地时常可以看到大白鹭在水边站立或从空中飞过。

白鹭

- 【英 文 名】Little Egret
- 【学　　名】*Egretta garzetta*
- 【分类信息】鹈形目鹭科
- 【保护等级】《国家保护的有重要生态、科学、社会价值的陆生野生动物名录》
- 【体　　长】60 cm
- 【描　　述】白鹭全身洁白，体呈纺锤形，有着细长的脖子，繁殖期时会长出优美的颈背冠羽和胸部羽毛，称为"仙羽"，使白鹭的气质更加出挑。除此之外，白鹭还有着长长的腿，黑色的嘴，以及黄色的脚趾，故有"黄袜子"之称。另外，白鹭的叫声却是极为沙哑难听的"guagua"声，与其具有仙气感的外表形成了强烈反差。白鹭觅食策略丰富，喜爱用长腿在水下搅动惊起小动物，随后用长嘴一击命中，也会缩起脖子在水边静候鱼虾游过，瞬间弹出脖子抓住猎物。
- 【食　　性】主要以小型鱼虾为食，偶尔觅食其他小型动物，如蛙类。
- 【生　　境】栖息于湖泊、河流、沼泽等湿地地区。
- 【观 鸟 tip】在基地的河流边，可能会偶遇这位"白色仙子"。

鲣（jiān）鸟目

普通鸬鹚（lú cí）

【英 文 名】Great Cormorant
【学　　名】*Phalacrocorax carbo*
【分类信息】鲣鸟目鸬鹚科
【保护等级】《国家保护的有重要生态、科学、社会价值的陆生野生动物名录》
【体　　长】80～100 cm
【描　　述】俗称"鱼鹰"，一种大型的黑色鸟类。嘴基部皮肤为黄色，嘴端具锐利的弯钩。普通鸬鹚经常能在基地的湖边看到，是真正的捕鱼高手，也是潜泳高手。它们可以下潜捕捉鱼类，再回到水面上进行一番"囫囵吞鱼"的动作。它们常集群活动，有时会站立在岩石上，也会站在大树上，一眼望去乌压压的一片。普通鸬鹚的羽毛不防水，所以它们从水中回到岸上后，需要张开它们宽大的翅膀来晾干羽毛。
【食　　性】主要以鱼类为食。
【生　　境】栖息于鱼类丰富的湖泊、河流等环境。

鹰形目

白腹鹞

- 【英 文 名】Eastern Marsh Harrier
- 【学　　名】*Circus spilonotus*
- 【分类信息】鹰形目鹰科
- 【保护等级】国家二级保护动物
- 【体　　长】48~58 cm
- 【翼　　展】119~145 cm
- 【描　　述】白腹鹞是一类中型猛禽，色型多变，而且雌雄羽色差异巨大，乍一看好像两种鸟类。雄鸟主要呈现白色至浅灰色，翼尖为黑色，翼下至腹部为白色，尾下覆羽黑色，而雌鸟则呈现褐色，相比雄鸟有些其貌不扬。白腹鹞不似绝大多数猛禽喜爱在高处停留，栖息时多选择在地面与土堆上，捕猎时更喜爱低空飞行，发现猎物后俯冲猎食，并就地撕碎猎物。
- 【食　　性】主要以两栖爬行类、小型鸟类、啮齿类与昆虫等为食。
- 【生　　境】各种鹞子都是很适应湿地生境的猛禽，尤其喜爱大面积的沼泽、湖泊或芦苇荡。
- 【观鸟 tip】基地良好的湿地环境偶尔会引得这位猛禽朋友停留。由于猛禽出现意味着对食物资源的抢夺和对各类幼鸟的重大威胁，它们的到来往往会导致燕鸥、乌鸦等鸟类群起而攻之，因此在出现鸟群暴动的时候可以留意一下是否出现了猛禽。

白腹鹞雌鸟

普通鵟(kuáng)

【英　文　名】Eastern Buzzard
【学　　　名】*Buteo japonicus*
【分类信息】鹰形目鹰科
【保护等级】国家二级保护动物
【体　　　长】42～54 cm
【翼　　　展】122～137 cm
【描　　　述】鵟类普遍身材粗胖，体色斑驳，故有"猛禽中的老母鸡"之称。普通鵟是一类中型猛禽，飞行时两翼展开宽而圆，略微上举形成浅"V"形，黑褐色的5个翼指以及翼下的棕色斑块格外醒目，常歇息在裸露的树枝上方。它们时常在空中俯冲而下，用矫健的利爪抓捕猎物。别看它外表威猛帅气，叫声却与家猫相似，形成极大的反差感。
【食　　　性】主要捕食鼠类，也会捕食蛇、小鸟、蛙类等。
【生　　　境】多见于开阔平原、旷野、开阔草地。
【观 鸟 tip】迁徙季偶尔会在基地出现，喜欢在靠近树林的草地活动。

鹤形目

黑水鸡

- 【英 文 名】Common Moorhen
- 【学　　名】*Gallinula chloropus*
- 【分类信息】鹤形目秧鸡科
- 【保护等级】《国家保护的有重要生态、科学、社会价值的陆生野生动物名录》
- 【体　　长】30～38 cm
- 【描　　述】中型水鸟，上下嘴基部和额甲红色，嘴端黄色，头和下体黑色，飞羽和尾羽黑褐色，两胁有一条白纹，尾下覆羽两侧白色，形成标志性的"白屁股"。擅游泳不擅长飞行，通常踩水助跑低空飞行一段距离后，又在水上刹车，呈现出凌波微步的姿态。和白骨顶相比，黑水鸡很少集大群，也更加胆小，较少出现在开阔水面。
- 【食　　性】主要觅食各种水生植物的幼嫩部分，也取食各种小型无脊椎动物、小鱼。
- 【生　　境】它们多栖息于水草茂盛的池塘、湖泊和沼泽，营巢于草丛或者芦苇丛中。
- 【观 鸟 tip】全年可见，但不如白骨顶高调，通常在靠近芦苇、香蒲的水域活动。

白骨顶

- 【英 文 名】Eurasian Coot
- 【学   名】*Fulica atra*
- 【分类信息】鹤形目秧鸡科
- 【保护等级】《国家保护的有重要生态、科学、社会价值的陆生野生动物名录》
- 【体   长】36～39 cm
- 【描   述】似鸡非鸡，似鸭非鸭，虽然大部分时间像鸭子一样在水里游弋，但在分类学上其实和丹顶鹤关系更近。通体黑色，具白色的额甲和嘴，对比鲜明。白骨顶可以说是基地最常见的水鸟。白骨顶大部分时间泡在水里，偶尔也会上岸觅食，此时正好可以观察一下它们别具一格的脚丫子：脚很大，脚趾上长着花瓣一般的蹼（即所谓的瓣蹼足）。白骨顶喜好集群，通常与鸭子混群，但脾气比较暴躁，经常因为领域问题与同伴打架。和䴙䴘一样，白骨顶的巢穴也是在水面上漂浮的。
- 【食   性】以水生植物的茎、叶、种子或小型的水生动物为食。
- 【生   境】栖息于植被丰富的静水环境中。
- 【观 鸟 tip】白骨顶适应力很强，基地各个湖泊都能见到为数不少的个体。

鸻（héng）形目

黑翅长脚鹬（yù）

【英　文　名】Black-winged Stilt
【学　　　名】*Himantopus himantopus*
【分 类 信 息】鸻形目反嘴鹬科
【保 护 等 级】《国家保护的有重要生态、科学、社会价值的陆生野生动物名录》
【体　　　长】35 ~ 40 cm
【描　　　述】黑翅长脚鹬鸟如其名，最为显著的特征就是它那黑色的双翼和宛如踩了高跷的粉色长腿，突出的身高让它"鹤立鹬群"，堪称鸟中超模。除此之外，黑翅长脚鹬还有着一双红色的眼睛和细长的嘴，这让它看起来更加纤细、优雅。黑翅长脚鹬常集小群在浅水区域行动，当敌人入侵领地，它们会在空中边盘旋边鸣叫，以驱赶入侵者。
【食　　　性】喜食各种小型无脊椎动物，偶尔也吃植物种子。
【生　　　境】偏好开放的浅水湿地，如湖泊边缘、河床、田野等。
【观 鸟 tip】黑翅长脚鹬是沙尔沁基地的常客，会在基地的浅水湿地中度过繁殖季。

反嘴鹬

- 【英 文 名】Pied Avocet
- 【学　　名】*Recurvirostra avosetta*
- 【分类信息】鸻形目反嘴鹬科
- 【保护等级】《国家保护的有重要生态、科学、社会价值的陆生野生动物名录》
- 【体　　长】42～45 cm
- 【描　　述】高挑优雅的反嘴鹬有着让人过目难忘的时尚造型，黑白分明的羽毛和长而上弯的嘴使得反嘴鹬极具辨识度，头部、翅膀和背部具有黑色斑块，足为灰色，其余部分基本全部白色。脚很长，飞翔时远远超过尾。反嘴鹬常成对或集群活动，善于游泳，甚至可以如鸭子一般在水中倒立。与其独特的嘴相适应，反嘴鹬采取的是别具一格的侧扫式觅食方式，看上去相当滑稽。
- 【食　　性】主要取食水中的蠕虫、水生昆虫和软体动物等小型无脊椎动物。
- 【生　　境】偏好在浅水池塘、湖泊等淡水湿地生境中活动。
- 【观 鸟 tip】偶尔可在基地的河流边观察到。

凤头麦鸡

- 【英 文 名】Northern Lapwing
- 【学 名】*Vanellus vanellus*
- 【分类信息】鸻形目鸻科
- 【保护等级】《国家保护的有重要生态、科学、社会价值的陆生野生动物名录》
- 【体 长】28～31 cm
- 【描 述】鸻类是一类喜欢在水线附近活动的小型涉禽，通常后趾不发达，擅长奔走而非攀爬。凤头麦鸡是一种长相独特的大型鸻类，因其独特的冠羽而得名。非繁殖羽上体深绿色，在阳光下可见绚丽的金属光泽，下体白色，胸部具黑色宽带，顶冠黑色且具上翘的冠羽。繁殖期胸部黑色带延伸至喉部，冠羽更长。常集小群活动，飞行迟缓，性格警惕，发现危险时会立即起飞，并时常发出一种稀奇古怪类似电动玩具的长串叫声。
- 【食 性】主食各种昆虫，也吃其他小型无脊椎动物，偶尔吃植物种子。
- 【生 境】喜欢空旷的农田、稻田、草地。
- 【观 鸟 tip】除了水塘外也经常在草地上活动，时常和体型色型接近的达乌里寒鸦"鱼目混珠"。

灰头麦鸡

- 【英 文 名】Grey-headed Lapwing
- 【学　　名】*Vanellus cinereus*
- 【分类信息】鸻形目鸻科
- 【保护等级】《国家保护的有重要生态、科学、社会价值的陆生野生动物名录》
- 【体　　长】34~37 cm
- 【描　　述】灰头麦鸡是一种色彩艳丽、个性鲜明的鸟类，也是基地最常见的大型鸻类。灰头麦鸡鸟如其名，成鸟的头颈为灰色，身体上部分为褐色，胸部有黑色宽带，黄色的嘴前端为黑色，脚呈黄色。灰头麦鸡飞翔时会露出白色的翼面，以及黑色的初级飞羽。灰头麦鸡经常成对或小群活动，具有强烈的领地意识，发现危险时会立即起飞，在空中盘旋并发出响亮的警告声。
- 【食　　性】主要以昆虫为食，也吃小型水生无脊椎动物，偶尔吃植物种子和嫩叶。
- 【生　　境】喜欢活动在近水的开阔地，如草地、稻田、河滩。
- 【观鸟tip】基地最常见的鸻类，时常在草地上活动并与来往的各种鸟类互相驱赶。

鸻（héng）形目

金斑鸻

- 【英 文 名】Pacific Golden Plover
- 【学　　名】*Pluvialis fulva*
- 【分类信息】鸻形目鸻科
- 【保护等级】《国家保护的有重要生态、科学、社会价值的陆生野生动物名录》
- 【体　　长】23～26 cm
- 【描　　述】金斑鸻与灰斑鸻的外形相似，但它们最直观的区别就是体色分别为"金"和"灰"，可惜的是野外捉摸不透的光线和反射往往会让人分辨不出它们的具体体色，这时就要看看金斑鸻的体型特征了。金斑鸻的颈部更细长，嘴相较来说更细长，整体体态细长。金斑鸻的非繁殖羽上体密布黑色与金棕色斑纹，脸侧和下体颜色浅，幼鸟的外形与此时相似。繁殖羽就相当有特色了，上体密布金黄色与褐色斑纹，从眉纹到胸侧有白色宽带，脸、喉、胸前和腹部均为黑色。金斑鸻性格胆小，常单独或成小群活动。边飞边鸣叫，叫声清晰而尖利。
- 【食　　性】主要以甲壳类和甲虫、昆虫或软体动物为食。
- 【生　　境】栖息于湖泊、水塘、河流岸边及附近的沼泽、草地、农田上。
- 【观 鸟 tip】迁徙季可能会出现在基地北部的浅水坑中。

金斑鸻（后为林鹬）

金眶鸻

- 【英 文 名】Little Ringed Plover
- 【学   名】*Charadrius dubius*
- 【分类信息】鸻形目鸻科
- 【保护等级】《国家保护的有重要生态、科学、社会价值的陆生野生动物名录》
- 【体   长】16 cm
- 【描   述】金眶鸻是基地最常见的小型鸻类之一。它最显著的特征是那标志性的"金丝眼镜",一圈金黄色的眼眶使得它的眼睛看起来炯炯有神。处于繁殖期时,它的前额会有块白斑,胸前有一黑色"围脖",上体颜色为棕褐色,下体为白色,嘴短,腿细长为黄色,整体看起来有点头重脚轻的感觉。它喜欢边走边觅食,行走速度很快,总是走走停停。
- 【食   性】主要以昆虫、小型水生无脊椎动物为食。
- 【生   境】栖息于河流、湖泊岸边或沼泽、水边沙滩地带。
- 【观 鸟 tip】在基地的水滩边和沼泽地可能会有它的身影,偶尔也会出现在草地上。

环颈鸻

【英 文 名】Kentish Plover
【学   名】*Anarhynchus alexandrinus*
【分类信息】鸻形目鸻科
【保护等级】《国家保护的有重要生态、科学、社会价值的陆生野生动物名录》
【体   长】15～17.5 cm
【描   述】环颈鸻与金眶鸻有些相似，但腿为黑色且嘴略长。虽然名叫"环颈鸻"，但胸前的黑色颈环较为窄细，而且是断开的。相比之下，反倒是金眶鸻有着完整且明显的颈环。背部颜色为沙色，下体为白色，雄鸟繁殖期间头顶具有黑色的横纹。觅食时喜欢走走停停，急速奔走时就像颗飞奔的小炮弹。
【食   性】主要以昆虫、蜘蛛、甲壳类、软体动物为食。
【生   境】栖息于海滨沙滩、湖泊岸边或盐碱湿地。
【观 鸟 tip】迁徙季偶尔出现在基地的小水坑附近。

铁嘴沙鸻

- 【英 文 名】Greater Sand Plover
- 【学   名】*Anarhynchus leschenaultii*
- 【分类信息】鸻形目鸻科
- 【保护等级】《国家保护的有重要生态、科学、社会价值的陆生野生动物名录》
- 【体   长】22～25 cm
- 【描   述】和前面的两种鸻相比,铁嘴沙鸻明显要大一号,显得更加粗壮结实。它的外形很像蒙古沙鸻,但上体褐色较淡,嘴更长。繁殖羽胸部栗色带较窄且不延伸至胁部。常常聚集小群活动,偶见数千个体形成的大群。铁嘴沙鸻主要借助视力觅食,移动迅速,常常追逐其他鸻鹬抢食。
- 【食   性】喜食各种小型无脊椎动物。
- 【生   境】沙滩与沼泽。
- 【观 鸟 tip】迁徙季偶尔出现在基地的小水坑附近。

黑尾塍鹬

【英 文 名】Black-tailed Godwit
【中 文 名】*Limosa limosa*
【分类信息】鸻形目丘鹬科
【保护等级】《国家保护的有重要生态、科学、社会价值的陆生野生动物名录》
【体　　长】36～44 cm
【描　　述】属于长腿、长嘴的涉禽，身姿高挑优雅，繁殖期时头部和胸部均为栗色。与斑尾塍鹬相比嘴长而直，体型更大，颈部和腿也更长。非繁殖羽整体呈淡褐色，有不明显的白色眉纹和显著的褐色贯眼纹。当黑尾塍鹬飞行时能看到明显的翼下白斑。它们喜欢淤泥，觅食时会将嘴插进泥中，有时甚至将头都埋在泥里。
【食　　性】喜食各种小型无脊椎动物，如昆虫。
【生　　境】栖息于平原草地地带的湿地、湖边和附近的草地上。
【观 鸟 tip】迁徙季可能会出现在基地北部的浅水坑中。

尖尾滨鹬

- 【英 文 名】Sharp-tailed Sandpiper
- 【学　　名】*Calidris acuminata*
- 【分类信息】鸻形目丘鹬科
- 【保护等级】《国家保护的有重要生态、科学、社会价值的陆生野生动物名录》
- 【体　　长】17～22 cm
- 【描　　述】滨鹬在鹬类中总体上属于短腿短嘴的一族。尖尾滨鹬的嘴也短且微微下弯。它具有明显的白色眉纹，繁殖期时头顶一栗色"帽子"，上体呈黑褐色，胸部为浅棕色，并覆有深色的"V"形斑纹。
- 【食　　性】喜食小型无脊椎动物。
- 【生　　境】栖息于有苔原植物的湖泊、河岸边，或出现于海岸沙滩边、农田地带。
- 【观 鸟 tip】迁徙季可能会出现在基地北部的浅水坑中。

弯嘴滨鹬

- 【英 文 名】Curlew Sandpiper
- 【学   名】*Calidris ferruginea*
- 【分类信息】鸻形目丘鹬科
- 【保护等级】《国家保护的有重要生态、科学、社会价值的陆生野生动物名录》
- 【体   长】18~23 cm
- 【描   述】弯嘴滨鹬最显著的特征就是它那如同小杓鹬一般长而下弯的嘴，还有着较长的颈与腿，这点和一般的滨鹬不太一样。非繁殖羽上体灰褐色，下体白色，繁殖羽为深锈色至深栗红色，艳丽夺目，且无论是否处在繁殖期，其白色眉纹都比较明显。弯嘴滨鹬通常与其他滨鹬和鹬类混群栖居，迁徙季常集成大群。
- 【食   性】主要以双翅目、鞘翅目等昆虫为食。
- 【生   境】主要活动于沿海滩涂，也会栖息在近海的稻田及鱼塘。
- 【观 鸟 tip】春秋迁徙季偶然出现在基地水坑边。

前方较小的为弯嘴滨鹬，后为尖尾滨鹬

长趾滨鹬

- 【英 文 名】Long-toed Stint
- 【学　　名】*Calidris subminuta*
- 【分类信息】鸻形目丘鹬科
- 【保护等级】《国家保护的有重要生态、科学、社会价值的陆生野生动物名录》
- 【体　　长】13～16 cm
- 【描　　述】长趾滨鹬是一种小型灰褐色鹬，嘴短而下弯，白色眉纹明显，颈部、腿和趾相较于其他滨鹬显得纤细，站姿比其他滨鹬更直，上体具粗斑，腹部白色，腰部与尾部中央深褐色，看起来小巧精致。喜爱单独或集小群活动，常与其他鸻鹬混群行动。
- 【食　　性】以各种小型无脊椎动物为食。
- 【生　　境】喜爱内陆湿地，如稻田中、池塘边等。
- 【观 鸟 tip】迁徙季时可能会出现在基地的水坑边。

半蹼鹬

- 【英 文 名】Asian Dowitcher
- 【学　　名】*Limnodromus semipalmatus*
- 【分类信息】鸻形目丘鹬科
- 【保护等级】国家二级保护动物
- 【体　　长】33～36 cm
- 【描　　述】中大型鹬类，但体型较黑尾塍鹬略小，繁殖期上体深色，下体砖红色，非繁殖期整体颜色呈灰褐色。和黑尾塍鹬一样有很长的嘴，不同之处是半蹼鹬的嘴端会略微膨大。半蹼鹬喜欢集群，也易与黑尾塍鹬混群，想要在一众黑尾塍鹬中找到这种国家二级保护动物，有时也是有点困难的。
- 【食　　性】主要以昆虫幼虫、小蠕虫为食，用它长长的嘴插到滩涂泥里寻找食物。
- 【生　　境】栖息于浅水沼泽地、沿海滩涂、湖泊岸边等环境。

扇尾沙锥

- 【英 文 名】Common Snipe
- 【学　　名】*Gallinago gallinago*
- 【分类信息】鸻形目丘鹬科
- 【保护等级】《国家保护的有重要生态、科学、社会价值的陆生野生动物名录》
- 【体　　长】25~27 cm
- 【描　　述】上体颜色呈棕褐色，羽色斑驳，背部有两道稻黄色的条纹，下体具有褐色的纵纹，眼纹明显，尾羽较突出，飞翔时翼下为白色。嘴巴很长，像一根长长的吸管，大约是头的2倍。先天的隐身达人，喜欢躲在覆盖有草木的沼泽地中，颜色和泥土的颜色十分相近，即使离它很近也很难发现它。不过它也怕人，人一靠近它就会突然惊飞并发出粗哑的叫声。
- 【食　　性】主要以昆虫、甲壳类、软体动物为食，也食用植物种子。
- 【生　　境】栖息于含丰富草甸的沼泽地、湖泊边等湿地环境。
- 【观 鸟 tip】可以在基地靠近湖泊的草丛中发现它的存在，不过更多时候都是它先被惊飞。

红颈瓣蹼鹬

- 【英 文 名】Red-necked Phalarope
- 【学 名】*Phalaropus lobatus*
- 【分类信息】鸻形目丘鹬科
- 【保护等级】《国家保护的有重要生态、科学、社会价值的陆生野生动物名录》
- 【体 长】16~20 cm
- 【描 述】嘴细长,雌鸟比雄鸟更漂亮,繁殖期时雌鸟的颈侧有红色斑块,头部、胸部为灰色;非繁殖期时整体颜色变浅,为灰白色,眼后方具黑色斑点。顾名思义,它也具有类似䴙䴘的瓣蹼足,具有不错的游泳本领。红颈瓣蹼鹬有着独特的捕食方式,时常在水面上打圈旋转,促使藏于水底的食物浮出水面。
- 【食 性】主要以昆虫、浮游生物为食。
- 【生 境】栖息于水塘、湖泊或海上。
- 【观 鸟 tip】红颈瓣蹼鹬在基地较为罕见,仅在2023年春季记录到一次。

矶鹬

- 【英 文 名】Common Sandpiper
- 【学 名】*Actitis hypoleucos*
- 【分类信息】鸻形目鹬科
- 【保护等级】《国家保护的有重要生态、科学、社会价值的陆生野生动物名录》
- 【体 长】16～22 cm
- 【描 述】矶鹬颜色简单，上体褐色，飞羽偏黑色，下体白色，繁殖期时头、颈、胸具细纹且整体颜色更深，胸侧与翼角间深凹的白色斑块以及黑色的贯眼纹是矶鹬的明显特征。它们行动时经常上下摆动自己的尾部，看起来极为可爱。矶鹬往往单独活动，有时与其他鸻鹬混群，被惊飞时振翅迟钝，可以保持双翼不动进行滑翔。
- 【食 性】喜食各种小型的无脊椎动物。
- 【生 境】矶鹬会出现在各种不同的滨水生境，沿海的滩涂、稻田、溪流等都可以见到它的身影，偏好有岩石的湿地类型。
- 【观鸟 tip】矶鹬是沙尔沁基地的"熟客"，在河流边的浅滩上可以看见它的身影。

白腰草鹬

- 【英 文 名】Green Sandpiper
- 【学　　名】*Tringa ochropus*
- 【分类信息】鸻形目丘鹬科
- 【保护等级】《国家保护的有重要生态、科学、社会价值的陆生野生动物名录》
- 【体　　长】21～24 cm
- 【描　　述】白腰草鹬整体呈灰褐色，下体白色，背部布有白色斑点，白色眼环明显，但眼后没有斑纹，这点和林鹬、矶鹬不同，飞行时可见其明显的白色腰部。白腰草鹬朴实的配色让它显得低调，较圆润的体型令它看起来敦实可爱。和体型相近的矶鹬一样，白腰草鹬通常也是单独活动。
- 【食　　性】主要以蠕虫、鱼虾、蜘蛛等小型动物为食。
- 【生　　境】湖泊、河流、水塘、农田等湿地环境。
- 【观 鸟 tip】在基地的河流浅滩处有过记录。

红脚鹬

- 【英 文 名】Common Redshank
- 【学　　名】*Tringa totanus*
- 【分类信息】鸻形目丘鹬科
- 【保护等级】《国家保护的有重要生态、科学、社会价值的陆生野生动物名录》
- 【体　　长】27～29 cm
- 【描　　述】除了具有红色腿脚（严格说来是跗跖）以外，红脚鹬的一个重要特征是其上下嘴的基部均为红色（与之相比，鹤鹬只有下嘴的基部为红色）。上体灰褐色，下体白色，尾上具黑白色细斑，繁殖期时胸部和下体密布明显褐色纵纹。红脚鹬体型与鹤鹬相较显得矮胖，同时更爱在泥滩上而非水中觅食。
- 【食　　性】喜食各种无脊椎动物。
- 【生　　境】繁殖期间，红脚鹬偏爱靠近水源的沼泽等湿地，迁徙时主要在沙滩等海岸线活动。
- 【观 鸟 tip】春秋迁徙季在基地河湾的滩涂上可能会偶遇红脚鹬。

林鹬

- 【英 文 名】Wood Sandpiper
- 【学　　名】*Tringa glareola*
- 【分类信息】鸻形目丘鹬科
- 【保护等级】《国家保护的有重要生态、科学、社会价值的陆生野生动物名录》
- 【体　　长】19～23 cm
- 【描　　述】林鹬体态纤细高挑，颈较长，白色眉纹和褐色贯眼纹明显，上体灰褐色，密布白色斑点，下体白色，繁殖期时背部白色斑点变大，看上去更有"blingbling"（闪闪发光）的感觉。林鹬常集小群活动，行走缓慢，有时会呆站在原地不动。
- 【食　　性】以水生昆虫、蜘蛛等无脊椎小动物为食。
- 【生　　境】虽然名叫林鹬，但其实和多数鹬类一样更喜欢各种淡水湿地生境，有时也会在盐水湖泊、水塘等环境中活动。
- 【观 鸟 tip】在基地的池塘或河流边可以见到它的身影，迁徙季出现概率更大。

鹤鹬

【英 文 名】Spotted Redshank
【学　　名】*Tringa erythropus*
【分类信息】鸻形目丘鹬科
【保护等级】《国家保护的有重要生态、科学、社会价值的陆生野生动物名录》
【体　　长】29~32 cm
【描　　述】鹤鹬冬羽与红脚鹬相似，脚红色，背部灰色较深，嘴长而细，端部略微下弯，仅下嘴基部红色，眼先黑色明显。繁殖期的鹤鹬羽毛颜色加深，是在鹬群中极为显眼的黑色体鹬，身上密布白色斑点，白色眼圈在黑色的对比下极为明显，极具辨识度。鹤鹬是为数不多会游泳的鹬类之一，会在游泳时像鸭子一样将脑袋探入水中觅食。
【食　　性】喜欢各种小鱼小虾、蛙类和其他无脊椎小动物。
【生　　境】常在水塘、沼泽等浅水区域活动。
【观 鸟 tip】在基地河流的浅水区或岸边或许会遇到这只小家伙。

青脚鹬

- 【英 文 名】Common Greenshank
- 【学   名】*Tringa nebularia*
- 【分类信息】鸻形目丘鹬科
- 【保护等级】《国家保护的有重要生态、科学、社会价值的陆生野生动物名录》
- 【体   长】30～35 cm
- 【描   述】一种较为粗壮的灰色鹬类，体型和斑鸠相当。青脚鹬的重要识别特征是它那微微上翘的嘴，繁殖季时头部、颈部、胸部有明显的深色斑点。叫声为响亮悦耳的"chuchuchu"声。青脚鹬喜爱三五成群，觅食时嘴在水里左右晃动并伴随快速的点头动作。青脚鹬的腰背部有大面积的白色区域，不过只有在飞行时可以看到。
- 【食   性】喜食各种无脊椎动物、鱼类以及小型两栖动物。
- 【生   境】常出现在沿海地区或内陆的泥塘、河流等湿地生境。
- 【观 鸟 tip】基地的河流边常有青脚鹬到访。

红嘴鸥

- 【英 文 名】Black-headed Gull
- 【学　　名】*Larus ridibundus*
- 【分类信息】鸻形目鸥科
- 【保护等级】《国家保护的有重要生态、科学、社会价值的陆生野生动物名录》
- 【体　　长】37~43 cm
- 【描　　述】中型灰白色鸥，处于繁殖季的成鸟有一个显眼的巧克力头，所以英文名直译过来就是黑头鸥。嘴和腿深红色，背部黑色，腹部白色，具有黑色尾羽。非繁殖期时红嘴鸥头上的巧克力色褪去，只在眼后留下黑色斑点，如同一对假耳朵。它们常在水面上漂浮，活像一个个许愿小纸船。然而这些白色"小纸船"会发出沙哑嘈杂的叫声，成群的红嘴鸥齐鸣时对人耳的杀伤力极大。
- 【食　　性】主要取食小鱼和一些水生无脊椎动物，也会食用人类丢弃的食物残渣。
- 【生　　境】与普通燕鸥一样，也喜爱栖息在开阔水域。

普通燕鸥

- 【英 文 名】Common Tern
- 【学　　名】*Sterna hirundo*
- 【分类信息】鸻形目鸥科
- 【保护等级】《国家保护的有重要生态、科学、社会价值的陆生野生动物名录》
- 【体　　长】31～38 cm
- 【描　　述】普通燕鸥顶冠黑色，好似戴着一顶黑色头盔。背部为淡灰色，腹部白色。夏羽时橙红色的嘴基和黑色的嘴尖格外引人注目，冬羽时嘴逐渐染上黑色。尾呈深叉状。常在水面上轻快飞行，发现猎物后会先凭借高超的飞行技巧悬停锁定猎物，再同翠鸟一般急冲直下，往往能够一击而中。
- 【食　　性】以小鱼、虾、甲壳类和昆虫为食。
- 【生　　境】栖息于较为开阔的水域。
- 【观鸟 tip】普通燕鸥是基地最常见的鸥类。它们常在基地的湖面上飞翔，边飞边发出沙哑刺耳的"keer-ar"声。

飞翔中的普通燕鸥

普通燕鸥捕鱼成功

须浮鸥

- 【英 文 名】Whiskered Tern
- 【学　　名】*Chlidonias hybrida*
- 【分类信息】鸻形目鸥科
- 【保护等级】《国家保护的有重要生态、科学、社会价值的陆生野生动物名录》
- 【体　　长】23~29 cm
- 【描　　述】一种中等偏小的燕鸥。繁殖季成鸟头顶黑色，嘴深红色，双翼淡灰色。繁殖期的须浮鸥具有深色的胸和腹部，这是区别于普通燕鸥的重要特征之一。须浮鸥非繁殖期头为白色，看起来有些"秃"，从眼到后冠有一道明显黑纹。与非繁殖期的白翅浮鸥相比，须浮鸥的顶冠较黑。
- 【食　　性】主要以小鱼、水生昆虫等动物为食，有时也取食部分水生植物。
- 【生　　境】栖息于开阔草原、湖泊、稻田等地带。
- 【观 鸟 tip】须浮鸥经常会与普通燕鸥一起活动，观鸟时记得仔细区分。

白翅浮鸥

【英 文 名】White-winged Tern
【学　　名】*Chlidonias leucopterus*
【分类信息】鸻形目鸥科
【保护等级】《国家保护的有重要生态、科学、社会价值的陆生野生动物名录》
【体　　长】23～27 cm
【描　　述】小型燕鸥，成鸟繁殖羽头、背、腹及胸全为黑色，与白色尾羽和浅灰色双翼对比明显，但换羽尚未完成时羽毛颜色黑白相间、斑驳杂乱，像染色不均匀的布料。嘴红色，翼下覆羽为黑色。非繁殖羽上体浅灰色，下体白色，头顶棕色。常集群活动，有时混入其他鸥群，多在水面低空飞行。
【食　　性】主要以小鱼、虾等水生动物为食。
【生　　境】常栖息于内陆河流、湖泊等水体。

鸽形目

灰斑鸠

- 【英 文 名】Eurasian Collared Dove
- 【学　　名】*Streptopelia decaocto*
- 【分类信息】鸽形目鸠鸽科
- 【保护等级】《国家保护的有重要生态、科学、社会价值的陆生野生动物名录》
- 【体　　长】32 cm
- 【描　　述】基地中最常见的斑鸠。体型与珠颈斑鸠相近，整体呈灰褐色，脖子上有半个黑白色领圈，身上花纹较少，显得十分素雅。后颈具有黑白色半领圈，眼虹膜红色，飞羽黑色。灰斑鸠气质斯文，性格温驯，求偶时常不断鞠躬，以表其爱慕之心。
- 【食　　性】灰斑鸠主要以植物果实和种子为食。基地里植物种类繁多，为灰斑鸠提供了丰富的食物来源。
- 【生　　境】常栖息于农田、村庄，总是在人类居住的地方存在，电线上时常能发现它们的踪迹。

珠颈斑鸠

- 【英 文 名】Spotted Dove
- 【学 名】*Spilopelia chinensis*
- 【分类信息】鸽形目鸠鸽科
- 【保护等级】《国家保护的有重要生态、科学、社会价值的陆生野生动物名录》
- 【体 长】30 cm
- 【描 述】人称"傻咕咕",是南方最为常见的斑鸠,也是游隼最爱吃的猎物之一。额头为蓝灰色,胸部为粉红色,其余身体为棕色,最明显的特征是颈部的"珍珠项链"——后颈的黑色领斑镶嵌着白色的细小斑点。飞翔时,外侧尾羽黑色,末端白色。珠颈斑鸠喜欢在清晨和下午活动,经常窝在树杈之间,发出连续的"咕咕"声。珠颈斑鸠实行一夫一妻制,但筑巢往往敷衍马虎,随遇而安。
- 【食 性】珠颈斑鸠主要以植物种子为食,喜欢在草地和农田中觅食,有时也会捕食昆虫等动物。
- 【生 境】栖息于森林、农田、城市的公园等环境。相比于灰斑鸠,珠颈斑鸠在基地并不常见。

鹃形目

大杜鹃

- 【英文名】Common Cuckoo
- 【学　　名】*Cuculus canorus*
- 【分类信息】鹃形目杜鹃科
- 【保护等级】《国家保护的有重要生态、科学、社会价值的陆生野生动物名录》
- 【体　　长】32~34 cm
- 【描　　述】体型较大，头圆，胸腹部有细密的横纹，虹膜黄色，瞳孔褐色。因其常发出"布谷，布谷"的叫声，被人们称为布谷鸟。大杜鹃和其他很多杜鹃科物种一样采取巢寄生策略，从不自己筑巢。繁殖期一到，它们便常站在高处眺望，寻找东方大苇莺等小鸟的巢，并趁主人离开时偷偷潜入，产下自己的卵。不知情的东方大苇莺便含辛茹苦地将大杜鹃幼鸟抚养长大。当然，大杜鹃的这种偷摸行动也不是每次都能成功，在基地也经常可以见到东方大苇莺驱逐大杜鹃。
- 【食　　性】主要捕食昆虫，尤其爱吃鳞翅目毛虫。
- 【生　　境】多见于开阔林区，成片芦苇地。
- 【观 鸟 tip】繁殖季经常出现在树冠和电线上，叫声易于辨识，可以循声寻找。

鸮形目

纵纹腹小鸮

- 【英 文 名】Little Owl
- 【学　　名】*Athene noctua*
- 【分类信息】鸮形目鸱（chī）鸮科
- 【保护等级】国家二级保护动物
- 【体　　长】21~23 cm
- 【翼　　展】54~58 cm
- 【描　　述】纵纹腹小鸮是一种小型猛禽，羽毛颜色整体灰褐色，上体有白色斑点，腹部除斑点外还有许多条纹。纵纹腹小鸮身材矮胖，还有着圆圆的大脸盘和炯炯有神的黄色大眼睛，让它看起来憨态可掬。
- 【食　　性】主要以小型鸟类、哺乳动物、两栖爬行类或者昆虫为食。
- 【生　　境】偏爱开阔的林地、草原或采石场等半开放环境。
- 【观鸟 tip】人们通常把猫头鹰称为夜猫子，但纵纹腹小鸮却主要在白天活动。我们此前曾多次在基地防护林带和试验田中见到纵纹腹小鸮，但近两年数量似乎有所减少。此鸟也是在沙尔沁基地记录到的第一种猫头鹰，希望之后能有更多的"猫猫"光顾这一片土地。

佛法僧目

普通翠鸟

- 【英 文 名】Common Kingfisher
- 【学 名】*Alcedo atthis*
- 【分类信息】佛法僧目翠鸟科
- 【保护等级】《国家保护的有重要生态、科学、社会价值的陆生野生动物名录》
- 【体 长】16~18 cm
- 【描 述】佛法僧目的一种鸟类,简称小翠,是最常见的一种翠鸟。体型小巧,但嘴很大,色彩鲜艳,上体蓝绿色,中央具蓝色带纹,下体橙棕色,具有橘红色的耳羽。常常单独活动,经常一动不动地站在水边的树桩或岩石上,专注地注视着水面,只要发现了鱼虾,它们就会以迅雷不及掩耳之势猛地扎入水中捕食猎物,堪称"水面上的蓝色闪电"。
- 【食 性】主要以鱼为食,也捕食水生昆虫。
- 【生 境】常出没于有绿色植被的小溪边、湖泊边。
- 【观鸟 tip】多留意池塘边的芦苇、香蒲和树枝,或许有机会见到这美丽的蓝色精灵。

犀鸟目

戴胜

- 【英 文 名】Eurasian Hoopoe
- 【学　　名】*Upupa epops*
- 【分类信息】犀鸟目戴胜科
- 【保护等级】《国家保护的有重要生态、科学、社会价值的陆生野生动物名录》
- 【体　　长】26~32 cm
- 【描　　述】戴胜有着酷炫的外形，飞行的姿势和花哨的羽毛容易让人联想到啄木鸟。戴胜的头颈、上背和胸部为粉棕色，头顶有一扇能展开成扇形的冠羽，边缘还镶嵌黑边，而双翼更是有着张扬的黑白条纹，再搭配上细长下弯的嘴，造型相当时尚拉风。戴胜一般成对或者单独活动，生性活泼，兴奋时会立起冠羽，起飞时便会放下。它们常常在开阔潮湿的草地上觅食，用细长的嘴戳进泥里翻找食物。
- 【食　　性】主要捕食昆虫、蜘蛛、蚯蚓等小型无脊椎动物。
- 【生　　境】喜欢在开阔的地带活动，能适应山林、草地、果园、村庄等多种环境。
- 【观 鸟 tip】基地草地和农田中时常有戴胜出没，花哨的外形和飘忽的飞行姿态是重要的识别标志。刚翻过土的地里昆虫众多，对戴胜有极大的吸引力。

䴕(liè)形目

星头啄木鸟

- 【英 文 名】Grey-capped Pygmy Woodpecker
- 【学　　名】*Yungipicus canicapillus*
- 【分类信息】䴕形目啄木鸟科
- 【保护等级】《国家保护的有重要生态、科学、社会价值的陆生野生动物名录》
- 【体　　长】14～16 cm
- 【描　　述】体型娇小可爱，身为啄木鸟却只比麻雀大一点点。整体颜色为黑白色，顶冠灰黑色，雄鸟眼后上方具细长的红色条纹，下体灰色，腹部具黑色的纵纹，背部羽毛具白色斑点。虽然体态娇小，星头啄木鸟仍有着啄木鸟家族典型的特征，不仅擅长用坚硬的嘴敲击树干，用细长的舌头勾出虫子，还能用两前两后的脚趾牢牢抓紧树皮，并用发达的尾羽作为外出"工作"时的随身小马扎。
- 【食　　性】主要以昆虫为食。
- 【生　　境】栖息于有着丰富树木的环境中。
- 【观鸟tip】它们总是在基地里树木多的地方现身，通常出现在较大树木的中上层。不过它们很害羞，每当它们发现人类时会立刻躲到人类视线看不到的地方，比如树干的后方，然后再继续啄木头。

大斑啄木鸟

- 【英 文 名】Great Spotted Woodpecker
- 【学   名】*Dendrocopos major*
- 【分类信息】䴕形目啄木鸟科
- 【保护等级】《国家保护的有重要生态、科学、社会价值的陆生野生动物名录》
- 【体   长】20~24 cm
- 【描   述】一种分布广泛且极具特色的啄木鸟。其雄性枕部具红色斑块,雌雄臀部均为红色,整体为黑白配色,上体为蓝黑色,下体白色,脸颊、颈侧也为白色,肩部具白色白斑,翼上具白色横斑,尾羽黑色。大斑啄木鸟常攀缘在树干或粗枝上啄木觅食,那"咚咚咚"的敲击声给观鸟人的寻找提供了重要线索。
- 【食   性】大斑啄木鸟是名副其实的"森林医生",大斑啄木鸟主要以昆虫及昆虫幼虫为食,是许多害虫的天敌,在生态系统中扮演着重要角色。
- 【生   境】常生活在树木丰富的地带。

雄鸟

雌鸟

灰头绿啄木鸟

- 【英 文 名】Grey-headed Woodpecker
- 【学　　名】*Picus canus*
- 【分类信息】鴷形目啄木鸟科
- 【保护等级】《国家保护的有重要生态、科学、社会价值的陆生野生动物名录》
- 【体　　长】25~26 cm
- 【描　　述】体型较大的一种啄木鸟。上体绿色，下体灰绿色，头灰色，背部绿色，雄鸟额顶为红色，像块红宝石，简单的红配绿让它显得更加亮眼夺目。雌雄相似，但雌鸟没有额顶的红斑。除了像其他啄木鸟一样沿着树干螺旋向上觅食，灰头绿啄木鸟也经常出现在地面上，像戴胜一样搜寻土壤中的昆虫。
- 【食　　性】主要以昆虫为食，有时也会食用植物果子和种子。
- 【生　　境】栖息于森林地带和林地边缘的草地。
- 【观 鸟 tip】常出现在基地改良中心附近的林地和草地。

隼（sǔn）形目

红隼

- 【英 文 名】Common Kestrel
- 【学　　名】*Falco tinnunculus*
- 【分类信息】隼形目隼科
- 【保护等级】国家二级保护动物
- 【体　　长】31～38 cm
- 【翼　　展】57～79 cm
- 【描　　述】红隼属于小型猛禽，黑色泪滴状眼下斑块明显，身体密布黑色横斑。红隼雌雄个体差异较大，雄鸟头部和尾巴灰色，背部红色，雌鸟上体颜色则更加均匀，没有雄鸟的灰色区域。红隼分布广泛，是最适应于城镇环境的猛禽之一。
- 【食　　性】大型昆虫、小型爬行动物、鸟类和小型哺乳动物都在它的食谱之中。
- 【生　　境】喜爱开阔的草原、田野和轻度林木覆盖的湿地等环境。
- 【观鸟 tip】基地中的路灯、栅栏、电线以及专为猛禽搭建的鹰架等都经常有红隼光临，基地鼠类数量众多，足够这位鼠类爱好者大显身手。

在基地鼠类围栏上休憩的红隼雌鸟

红隼在基地鹰架上进食沙鼠

红脚隼

- 【英 文 名】Amur Falcon
- 【学　　名】*Falco amurensis*
- 【分类信息】隼形目隼科
- 【保护等级】国家二级保护动物
- 【体　　长】25～30 cm
- 【翼　　展】63～71 cm
- 【描　　述】红脚隼又称阿穆尔隼，体型与鸽子差不多，属于小型猛禽。整体颜色呈灰色，具黑色泪滴状眼下斑块，橙色的眼环、红色的鼻部蜡膜和橙红色的脚是它鲜明的特点。雌雄鸟外形差别较大，雄鸟体型较小，主要为深灰色，雌鸟下体斑驳，和燕隼较为相似。红脚隼喜爱滑翔，捕食时会在空中快速扇动两翼进行悬停，一旦锁定猎物便快速俯冲一击命中。红脚隼是迁徙旅程最远的猛禽，迁徙时会集成壮观的大群飞越半个地球。
- 【食　　性】主要以各种各样的昆虫为食，有时也捕食小型鸟类、蜥蜴、鼠类等。
- 【生　　境】偏好开阔疏林、草原、沼泽地带等环境。
- 【观鸟 tip】可以经常在基地看见它的身影。它或在电线杆上四处张望，或在草原上巡视领地，又或在空中进行帅气而优雅的悬停。

雄鸟

雌鸟

燕隼

- 【英 文 名】Eurasian Hobby
- 【学　　名】*Falco subbuteo*
- 【分类信息】隼形目隼科
- 【保护等级】国家二级保护动物
- 【体　　长】29～35 cm
- 【翼　　展】68～84 cm
- 【描　　述】燕隼是一种小型猛禽，整体颜色灰色，黑色泪滴状眼下斑块明显，面部具有"L"形白斑，白色的肚子上密布黑色条纹，橙黄色的"腿毛"和"臀部"是它的显著特点。燕隼飞行时翼展长而尖，中间微折，像一把锐利的镰刀，收起翅膀时翅膀的长度几乎到达了尾巴，与燕子类似，因而得名"燕隼"。
- 【食　　性】主要以昆虫为食，还喜爱捕食麻雀等小型雀形目鸟类。
- 【生　　境】栖息于开阔的平原、林地、田野、旷野等地。
- 【观鸟 tip】在基地的某片疏林中，有一对燕隼常住基地，并于2024年繁殖了一代，现在幼雏已经成功长大。

停落在基地道路上的燕隼

猎隼

- 【英 文 名】Saker Falcon
- 【学　　名】*Falco cherrug*
- 【分类信息】隼形目隼科
- 【保护等级】国家一级保护动物
- 【体　　长】42～60 cm
- 【翼　　展】97～126 cm
- 【描　　述】猎隼属于中大型猛禽，和红隼一样有着细长的黑色泪滴状眼下斑块，但个头要大很多。猎隼整体颜色为偏浅的灰褐色，胸部羽毛厚实且密布黑色条纹，有着独特的"裤子"状深色下体，尾下覆羽白色。
- 【食　　性】主要以中小型鸟类、鼠类、野兔等为食。
- 【生　　境】喜好干旱或半干旱地区的山地、草原和荒漠。
- 【观 鸟 tip】2023年5月，一只猎隼光临了基地的鹰架，这一场景碰巧被一位记者朋友记录了下来。在一些西方国家，猎隼被土豪们视为财富、地位和时尚的象征，然而非法捕猎和贸易却严重威胁到了这一物种的生存。在我国，猎隼已被列为国家一级保护动物。

停落在基地鹰架上的猎隼

游隼

- 【英 文 名】Peregrine Falcon
- 【学　　名】*Falco peregrinus*
- 【分类信息】隼形目隼科
- 【保护等级】国家二级保护动物
- 【体　　长】41~50 cm
- 【翼　　展】95~115 cm
- 【描　　述】游隼是一种中型猛禽，具有黑色泪滴状眼下斑块，脚和爪橙黄色，整体灰褐色或蓝灰色，成鸟腹部羽毛白色，具黑色横纹。游隼的翅长而尖，迅猛有力，俯冲时速度可达300 km/h以上。作为世界上俯冲速度最快的鸟类，游隼是将力量与速度完美结合的典范。游隼强悍而灵活，不仅敢于捕食素有"流氓"之称的鸦科大佬（喜鹊），即使在面对远大于自己的雕、鹰时也敢于进攻。虽然在外形与颜色上与燕隼相似，但体型却比燕隼壮硕许多。除此之外，成年燕隼腹部的黑色条纹为纵纹，游隼为横纹，并且游隼也不具备燕隼那独特的"黄屁股"。
- 【食　　性】主要以鸭、鸥、鸠鸽类鸟类为食，也捕食小型哺乳动物。
- 【生　　境】栖息于山地、丘陵、海岸等开阔地域。
- 【观 鸟 tip】游隼在基地出现的次数不多，迁徙季偶尔会出现在基地北侧的草地。

雀形目

荒漠伯劳

- 【英 文 名】Isabelline Shrike
- 【学　　名】*Lanius isabellinus*
- 【分类信息】雀形目伯劳科
- 【保护等级】《国家保护的有重要生态、科学、社会价值的陆生野生动物名录》
- 【体　　长】16～19 cm
- 【描　　述】荒漠伯劳是一种生活在干旱环境里的小型伯劳。荒漠伯劳整体颜色呈灰黄色,尾巴则为更深的肉桂色,嘴端具有下弯的钩,且具有伯劳特有的黑色眼罩,雌鸟的眼罩颜色相对较浅。
- 【食　　性】外表有多萌,行动就有多狠。伯劳素有"雀中猛禽"的称号,喜欢站在高处寻找食物。一旦发现食物,它就会以突然袭击的方式进行捕食,对于较大的猎物常会将其穿插在尖刺上,以便后续食用。和其他伯劳类似,荒漠伯劳喜欢以昆虫和小型两栖爬行动物为食,也是一位"撸串爱好者",十分凶猛。
- 【生　　境】主要生活在干燥的荒漠和半荒漠地区,也可以在稀疏的灌木丛和开阔的草地上找到它们,具有极强的适应能力。

楔尾伯劳

【英 文 名】Chinese Grey Shrike
【学 名】*Lanius sphenocercus*
【分类信息】雀形目伯劳科
【保护等级】《国家保护的有重要生态、科学、社会价值的陆生野生动物名录》
【体 长】25～31 cm
【描 述】这是一种体型甚大的灰色伯劳，中央尾羽较长，使得尾巴呈楔状，故而得名。下体呈白色，具有黑色眼罩，眉纹白色，翅膀和尾巴黑白鲜明。
【食 性】主要以昆虫、蜥蜴、小鸟和鼠类为食。
【生 境】栖息于农田、草地、灌木林中。

喜鹊

- 【英 文 名】Oriental Magpie
- 【学　　名】*Pica serica*
- 【分类信息】雀形目鸦科
- 【保护等级】《国家保护的有重要生态、科学、社会价值的陆生野生动物名录》
- 【体　　长】40～51 cm
- 【描　　述】喜鹊颜色呈黑白色，但在阳光下，喜鹊的次级飞羽、尾羽等羽毛将由于光的折射和反射出现美丽的深蓝色光泽，形成所谓的结构色。喜鹊喜欢集小群活动，它们胆大细心，觅食时常轮流警戒，当有入侵者靠近时，会发出"zha～zha～zha"的难听叫声驱赶入侵者并警示同伴。喜鹊的巢穴体积很大，甚至一人难以合抱，从外至内依次是树枝、软枝条、杂草和泥土、苔藓和毛发等不同材质的层次，兼顾安全、保暖等多项功能。
- 【食　　性】夏季主要食昆虫，其他季节主要食果实和种子。
- 【生　　境】偏爱开阔的林区、草地、人工林等环境。
- 【观 鸟 tip】作为最广为人知的鸟类之一，喜鹊很好地适应了人居环境，在基地中更是随处可见。和其他很多鸦科鸟类一样，喜鹊也具有较高的智商、强大的适应力和战斗力，时常对其他鸟类甚至过路猛禽发起攻击。

红嘴山鸦

- 【英 文 名】Red-billed Chough
- 【学 名】*Pyrrhocorax pyrrhocorax*
- 【分类信息】雀形目鸦科
- 【保护等级】《国家保护的有重要生态、科学、社会价值的陆生野生动物名录》
- 【体 长】38~41 cm
- 【描 述】和一般乌鸦一样全身覆盖黑色鲜亮的羽毛，长而弯曲的红嘴与红色的脚则是它区别于其他乌鸦的鲜明特征。红嘴山鸦喜欢成双成对或者集小群活动，叫声响亮独特，有时音调高昂响亮到类似于鸥鸣声。
- 【食 性】主要以不同种类的昆虫为食，也爱吃植物果实、种子等植食性食物。
- 【生 境】常在高山草地、稀树草坡等环境中活动。
- 【观鸟tip】红嘴山鸦虽然不像喜鹊那样随处可见，但也是基地的常客之一，最容易见到它的地方是改良中心附近的草地。

达乌里寒鸦

- 【英 文 名】Daurian Jackdaw
- 【学　　名】*Coloeus dauuricus*
- 【分类信息】雀形目鸦科
- 【保护等级】《国家保护的有重要生态、科学、社会价值的陆生野生动物名录》
- 【体　　长】34～36 cm
- 【描　　述】与人们对"乌鸦"的刻板印象不同，成年达乌里寒鸦的后颈、颈侧、胸腹部等多处羽毛都为白色，与其他部位的黑色羽毛形成鲜明的对比，说明天下乌鸦并非都是一般黑。达乌里寒鸦喜欢集大群，在基地也时常能见到几百只一群的达乌里寒鸦群体，它们经常集群一边"cha ke～cha ke"地叫着一边从天空中飞过。和其他几种鸦科鸟类相比，达乌里寒鸦体型相对较小。
- 【食　　性】主要以谷物、种子、昆虫等为食。
- 【生　　境】偏好开阔的草坪、农田与人类居住区等地。
- 【观 鸟 tip】基地最常见的鸦科鸟类之一，常在草地上或农田里集成壮观的大群。

秃鼻乌鸦

- 【英 文 名】Rook
- 【学　　名】*Corvus frugilegus*
- 【分类信息】雀形目鸦科
- 【保护等级】《国家保护的有重要生态、科学、社会价值的陆生野生动物名录》
- 【体　　长】44~46 cm
- 【描　　述】秃鼻乌鸦是基地中目前体型最大的鸦科鸟类，体长数据看上去似乎也只和喜鹊差不多，那是因为喜鹊占了尾巴长的大便宜。秃鼻乌鸦成鸟通体漆黑，但是细看下羽毛其实泛着蓝紫色的金属光泽，它的嘴基部的皮肤白色且光秃，因此得名"秃鼻"。值得一提的是秃鼻乌鸦嘴较长，加上它飞行时翼尖"手指"显著，使它看上去有了几分类似猛禽的威慑力。秃鼻乌鸦常集小群，也时常与其他鸦科鸟类混群活动。
- 【食　　性】喜食蚯蚓、谷物、昆虫和各种小型脊椎动物，也食一些鸟类的卵和雏鸟。
- 【生　　境】喜爱农田、旷野、河流平原等开阔地带。
- 【观鸟 tip】基地中牛羊甚多，喜鹊、达乌里寒鸦、秃鼻乌鸦时常混在牛羊群中，似乎准备随时薅点毛下来给自己的巢穴"精装修"。

文须雀

- 【英 文 名】Bearded Reedling
- 【学　　名】*Panurus biarmicus*
- 【分类信息】雀形目文须雀科
- 【保护等级】《国家保护的有重要生态、科学、社会价值的陆生野生动物名录》
- 【体　　长】14.5~17 cm
- 【描　　述】文须雀羽毛主要为棕橙色，身体较胖，尾长，嘴小而短，眼先黑色，胸部白色，背部和尾部均有黑色的纵纹。文须雀因其雄鸟面部的黑斑酷似胡须而得名，喜欢生活在芦苇丛中，在芦苇之间来回跳跃，整体外形酷似大号的鸦雀。
- 【食　　性】主要以种子和昆虫为食。
- 【生　　境】栖息于湖泊或河流边的芦苇丛中。

凤头百灵

- 【英 文 名】Crested Lark
- 【学　　名】*Galerida cristata*
- 【分类信息】雀形目百灵科
- 【保护等级】《国家保护的有重要生态、科学、社会价值的陆生野生动物名录》
- 【体　　长】17~19 cm
- 【描　　述】体型较麻雀大，身体整体黄褐色，背部、翼上有鱼鳞状纹路，嘴尖而长，因其头上发达的羽冠（"凤头"）而得名。凤头百灵的叫声清脆婉转，极为动听。和其他多数百灵鸟相比，凤头百灵的嘴明显更长更尖。
- 【食　　性】食性较广，包括昆虫、草籽、浆果等。
- 【生　　境】凤头百灵喜欢生活在平原、荒漠、半荒漠、农田等地带。凤头百灵在基地较常见，常出现在农田和草地边的道路上。

家燕

- 【英 文 名】Barn Swallow
- 【学　　名】*Hirundo rustica*
- 【分类信息】雀形目燕科
- 【保护等级】《国家保护的有重要生态、科学、社会价值的陆生野生动物名录》
- 【体　　长】17～19 cm
- 【描　　述】家燕背部黑色，喉部红色，腹部白色，嘴黑褐色且尖，尾巴有长长的分叉，飞行迅速且技巧高超。家燕是中国大部分地区常见的夏候鸟，巢穴非常精致，由泥、草、毛发等构成。每年初夏，常常可以见到家燕忙于修复自己的巢穴，以备抚育后代。
- 【食　　性】主要在空中捕食飞虫。
- 【生　　境】常栖息于城镇、村庄的房屋和电线上。

东方大苇莺

【英 文 名】Oriental Reed Warbler
【学   名】*Acrocephalus orientalis*
【分类信息】雀形目苇莺科
【保护等级】《国家保护的有重要生态、科学、社会价值的陆生野生动物名录》
【体   长】17~19 cm
【描   述】整体黄褐色，有淡黄色眉纹，身体整体较修长，喜欢生活在芦苇丛中。东方大苇莺是典型的大嗓门，夏季天刚亮就能在芦苇丛边听见它那喧嚣而富于节奏感的叫声。对于大杜鹃这类喜欢借巢下蛋占便宜的鸟类来说，捕虫能力强且巢穴位置较为安全隐蔽的东方大苇莺无疑是理想的巢寄生对象。
【食   性】主要以昆虫为食，也吃其他无脊椎动物。
【生   境】东方大苇莺在中国分布广泛，夏季在芦苇丛、香蒲丛和稻田里都有机会看到它的身影，有时也会站在旁边树木的枝头上高声歌唱宣示主权。
【观 鸟 tip】夏季的基地是观察东方大苇莺的好时机，各处池塘均有分布。

山噪鹛

- 【英 文 名】Plain Laughingthrush
- 【学　　名】*Pterorhinus davidi*
- 【分类信息】雀形目噪鹛科
- 【保护等级】《国家保护的有重要生态、科学、社会价值的陆生野生动物名录》
- 【体　　长】23~25 cm
- 【描　　述】山噪鹛，中国特有种。整体呈黑褐色，有一象牙色的嘴，嘴基部长有一撮黑毛。眼后有一鱼鳞状淡棕色斑纹。尾羽几乎与身体一样长，尾巴翘起，还搭配着一双暗红灰色的小短腿，外形憨态可掬。
- 【食　　性】主要食物包括昆虫、鳞翅目幼虫、植物果子和植物种子，冬季以植物种子为主。
- 【生　　境】常活动在树丛和灌木丛中。
- 【观鸟 tip】在基地曾记录到两次山噪鹛，均出现在农田边缘的灌木丛和小树上，通过其独特的叫声可以跟踪观察。

灰椋鸟

- 【英 文 名】White-cheeked Starling
- 【学　　名】*Spodiopsar cineraceus*
- 【分类信息】雀形目椋鸟科
- 【保护等级】《国家保护的有重要生态、科学、社会价值的陆生野生动物名录》
- 【体　　长】22～24 cm
- 【描　　述】灰椋鸟整体灰褐色，头为黑色，颊部有大小不同的白斑，橙红色的嘴和腿为它增添了一丝鲜艳的色彩。灰椋鸟喜欢集群活动，时常发出嘈杂尖利的声音。灰椋鸟由于整体色调偏黑，也容易被错认成乌鸦，但体型明显较小，可以从它飞行时腰间明显的白斑加以识别。
- 【食　　性】主要捕食昆虫，也取食植物果实和种子。
- 【生　　境】常在开阔的草地、农田上觅食，多在电线、枯枝上休息。
- 【观 鸟 tip】时常集小群在基地草地上觅食。

红尾鸫（dōng）

- 【英 文 名】Naumann's Thrush
- 【学   名】*Turdus naumanni*
- 【分类信息】雀形目鸫科
- 【保护等级】《国家保护的有重要生态、科学、社会价值的陆生野生动物名录》
- 【体   长】23～25 cm
- 【描   述】红尾鸫上体橄榄灰色，有着与下体相呼应的白色眉纹，两胁为橙色，下体白色，红橙色的斑点散落在胸腹部，红褐色的尾羽是其名字的由来。和南方常见的乌鸫相比，红尾鸫生性较为警惕，常吃了一口食便环顾四周，以确保自身安全。
- 【食   性】食性广泛，包括昆虫、昆虫幼虫和浆果。
- 【生   境】森林、灌木林、草地等多种生境。
- 【观 鸟 tip】红尾鸫在基地不算很常见，偶尔出现在基地北部的树林中。

北灰鹟（wēng）

- 【英 文 名】Asian Brown Flycatcher
- 【学　　名】*Muscicapa dauurica*
- 【分类信息】雀形目鹟科
- 【保护等级】《国家保护的有重要生态、科学、社会价值的陆生野生动物名录》
- 【体　　长】11～13 cm
- 【描　　述】一种体型较小的灰褐色鹟类，下体中央偏白，眼圈白色，冬季时眼前部分有较为明显的白色。和其他鹟科鸟类一样，北灰鹟的嘴基部宽阔扁平，看起来像个小三角形。这种嘴型有点类似燕子，适合在空中捕食昆虫。北灰鹟喜欢在阔叶林、灌丛等地方单独或成对活动，经常表演"空中捕食昆虫"的节目，并且十分"专情"——从栖处离开捕食昆虫，捉到后再回至栖处享用。
- 【食　　性】主要以昆虫和昆虫幼虫为食，因此被视为益鸟。
- 【生　　境】偏好生活在森林、公园的树丛中。
- 【观 鸟 tip】迁徙季有时会出现在基地的防护林中。

北红尾鸲(qú)

【英 文 名】Daurian Redstart
【学   名】*Phoenicurus auroreus*
【分类信息】雀形目鹟科
【保护等级】《国家保护的有重要生态、科学、社会价值的陆生野生动物名录》
【体   长】14～15 cm
【描   述】一种长相精致的小鸟。雄鸟色彩艳丽,背及翼黑色,下体呈橙黄色。雌鸟较黯淡,整体呈灰褐色。识别特征之一是翅膀上那显著的白色斑块,雌雄都有。常于地上和灌丛间跳跃啄食虫子,停歇时和很多鹟科鸟类一样喜欢晃尾巴。
【食   性】主要捕食昆虫,偶尔吃浆果。
【生   境】树林、灌木林、果园、苗圃中均较常见。
【观 鸟 tip】迁徙季有时会出现在基地的灌丛和小树林中,不太怕人。

黑喉石䳭（jí）

- 【英 文 名】Siberian Stonechat
- 【学　　名】*Saxicola maurus*
- 【分类信息】雀形目鹟科
- 【保护等级】《国家保护的有重要生态、科学、社会价值的陆生野生动物名录》
- 【体　　长】14 cm
- 【描　　述】和北红尾鸲一样也是雌雄二型。雄鸟头部、喉部及飞羽黑色，像蒙面大盗一般。颈上有未闭合的白色环纹，胸部红褐色，腹部红褐色稍淡，腰白，翼上具有白斑。非繁殖季雄鸟头和胸部颜色均有些褪色。雌鸟背部和头部浅棕色，有明显的白色眉纹，可看出其乌黑圆润的眼睛。它的鸣叫声很是特别，像是两块石头摩擦发出的声音。通常单独或成对活动，一般不集群。
- 【食　　性】主要以昆虫及昆虫幼虫为食，也会摄食蚯蚓、蜘蛛等其他无脊椎动物以及少量植物果实和种子。
- 【生　　境】栖息于相对开阔的生境，如农田、花园和次生灌木丛，偏好有散落灌木和草丛的环境。

麻雀

- 【英 文 名】Eurasian Tree Sparrow
- 【学   名】*Passer montanus*
- 【分类信息】雀形目雀科
- 【保护等级】《国家保护的有重要生态、科学、社会价值的陆生野生动物名录》
- 【体   长】14～15 cm
- 【描   述】中国北方最常见的鸟类之一，但很多人也许并不真正清楚它的长相。麻雀有红褐色的头顶，白色的脸蛋上面有一块黑斑，脖颈前方有胡须一般的黑色斑纹，身体棕色，翼上有白斑。常集大群活动，叫声尖锐，总是叽叽喳喳的。
- 【食   性】以种子和昆虫为食。
- 【生   境】麻雀喜欢生活在有少量树木的开阔地带。

黄头鹡鸰（jí líng）

- 【英 文 名】Citrine Wagtail
- 【学　　名】*Motacilla citreola*
- 【分类信息】雀形目鹡鸰科
- 【保护等级】《国家保护的有重要生态、科学、社会价值的陆生野生动物名录》
- 【体　　长】16.5～20 cm
- 【描　　述】一种令人过目难忘的鹡鸰，雄鸟在繁殖季其头及下体艳黄色，十分靓丽，上体及尾羽灰色，翼上两块白斑格外引人注目。雌鸟和非繁殖期雄鸟的顶冠及脸颊呈灰色。黄头鹡鸰喜成群歇息，偶尔与其他鹡鸰混群，栖息时尾常上下摆动。
- 【食　　性】以多种昆虫、昆虫幼虫为食。
- 【生　　境】常生活在湖泊边的潮湿草地、柳树丛生的地方。
- 【观 鸟 tip】除了湖边，基地试验田夏季浇水后形成的临时小水坑也是黄头鹡鸰常去的"食堂"。

白鹡鸰

- 【英 文 名】White Wagtail
- 【学　　名】*Motacilla alba*
- 【分类信息】雀形目鹡鸰科
- 【保护等级】《国家保护的有重要生态、科学、社会价值的陆生野生动物名录》
- 【体　　长】16.5 ~ 19 cm
- 【描　　述】白鹡鸰头顶、背黑色，下体白色，胸前有块黑色三角形像戴着一块口水巾，整体黑白相间。多在地面上慢步行走或跑动捕食，不太怕人。鸟如其名，十分"机灵"，飞行时呈现明显的波浪式路线，边飞边发出"jilin ~ jilin ~"的鸣声。据说，鲁迅散文《从百草园到三味书屋》中提到的"白颊的张飞鸟"就是白鹡鸰。
- 【食　　性】以昆虫为主，偶尔摄取植物种子和浆果。
- 【生　　境】常活动于水域附近的草地、荒坡或道路上。
- 【观 鸟 tip】白鹡鸰是基地中的常见小鸟，离水不太远的草地和路边都时常能见到。

理氏鹨（liù）

- 【英 文 名】Richard's Pipit
- 【学 名】*Anthus richardi*
- 【分类信息】雀形目鹡鸰科
- 【保护等级】《国家保护的有重要生态、科学、社会价值的陆生野生动物名录》
- 【体 长】17～18 cm
- 【描 述】理氏鹨是一种体态修长的小鸟，相较于其他鹨显得更加挺拔，站立时可见其黄褐色的长腿。理氏鹨头顶具黑褐色长纹，上体棕褐色，背部主要为棕色，具有许多细短的黑色斑纹。它们喜爱单独或集小群活动，常以波浪形路线飞行。
- 【食 性】主食昆虫，偶尔也吃一些植物种子。
- 【生 境】栖息于开阔的草原、田野、沿海海滩等地。
- 【观 鸟 tip】相对鹡鸰和水鹨，理氏鹨通常在离水较远一点的草地上活动。

树鹨

- 【英 文 名】Olive-backed Pipit
- 【学　　名】*Anthus hodgsoni*
- 【分类信息】雀形目鹡鸰科
- 【保护等级】《国家保护的有重要生态、科学、社会价值的陆生野生动物名录》
- 【体　　长】15～17 cm
- 【描　　述】树鹨上体橄榄绿色，头顶四五条黑色细密条纹，背部有着不明显的黑色纵纹。下体胸部及两胁黄色，中间腹部白色，浓密的黑色纵纹分布其中。眼上方有一道白色眉纹，但往往在最后一小截断开形成标志性的"断眉"。和鹡鸰与鹨类一样，树鹨也喜欢上下摆动尾巴。树鹨和其他鹡鸰科鸟类相比显得比较矮胖，加之色彩斑驳，有时会被误认为鸫或者麻雀。
- 【食　　性】主要捕食昆虫，也取食植物性食物。
- 【生　　境】多栖于低山丘陵和平原草地，常活动在树林和草丛中。

水鹨

- 【英 文 名】Water Pipit
- 【学   名】*Anthus spinoletta*
- 【分类信息】雀形目鹡鸰科
- 【保护等级】《国家保护的有重要生态、科学、社会价值的陆生野生动物名录》
- 【体   长】15～17 cm
- 【描   述】水鹨繁殖羽上体灰色，具宽大眉纹，非繁殖羽上体灰褐色，胸部及两胁暗褐色纵纹明显。和树鹨、黄腹鹨等肚子斑驳的鹨相比，水鹨的下体显得比较素净。上嘴细长黑色，下嘴黄色，尖端黑色。腿黑色，常在水边走动，有时与地面上的枯枝融为一体。
- 【食   性】主要以昆虫为食，也食用杂草种子等植物性食物。
- 【生   境】在高山或草坡繁殖，非繁殖期在湖泊、河流、滩涂附近活动。
- 【观鸟 tip】顾名思义水鹨是鹨类中最喜欢湿地生境的种类之一，迁徙季基地农田和草地上的各种小水坑是观察水鹨的好地方。

金翅雀

- 【英 文 名】Grey-capped Greenfinch
- 【学　　名】*Chloris sinica*
- 【分类信息】雀形目燕雀科
- 【保护等级】《国家保护的有重要生态、科学、社会价值的陆生野生动物名录》
- 【体　　长】12.5 ~ 14 cm
- 【描　　述】体型和麻雀相似，但色泽明显更为艳丽。有短粗的嘴，身体橄榄绿色，因其翼上的金色斑而得名，站立时仅在翼端可见金色，飞翔时可见翼下漂亮的金色斑纹。喜欢集群分布，有时可见其形成几百只的大群。
- 【食　　性】主要以植物种子为食，也会食用昆虫。
- 【生　　境】金翅雀分布广泛，适应多种生存环境，无论林地、湿地、平原还是山区，均可见其身影。
- 【观 鸟 tip】金翅雀在基地全年都较常见，往往三五成群停落在枝头上休憩觅食，也时常结伴在空中飞行，发出电话铃一般极具辨识度的长串叫声。

田鹀（wú）

- 【英 文 名】Rustic Bunting
- 【学　　名】*Emberiza rustica*
- 【分类信息】雀形目鹀科
- 【保护等级】《国家保护的有重要生态、科学、社会价值的陆生野生动物名录》
- 【体　　长】13～14.5 cm
- 【描　　述】雌雄二型。繁殖期的雄鸟头顶及颊黑色，眉纹及喉部白色，背栗色，胸部有一道明显栗色胸带，两胁具栗色纵纹。尾羽黑褐色。非繁殖羽雄鸟黑色褪去，只残留少许黑色。雌鸟羽毛颜色较雄鸟稍淡，头顶黄褐色，背上有明显的红棕色鳞纹，嘴短而厚。田鹀头顶具有发冠，不过有时不太明显。
- 【食　　性】主要取食杂草种子、谷物。
- 【生　　境】多活动于农田、灌木丛中。
- 【观 鸟 tip】田鹀虽在我国只被列入"三有"名录，但在国际自然保护联盟（IUCN）的红色名录中被列为易危（Vulnerable）物种。它们在基地不太常见，迁徙季有时会出现在灌丛或树林边缘。

苇鹀

【英 文 名】Pallas's Reed Bunting
【学　　名】*Emberiza pallasi*
【分类信息】雀形目鹀科
【保护等级】《国家保护的有重要生态、科学、社会价值的陆生野生动物名录》
【体　　长】12～13.5 cm
【描　　述】鹀类是经常被错认为麻雀的一类小鸟，不过仔细留意就会发现它们的叫声和外貌都有所不同。苇鹀是一类小型鹀鸟，雌鸟和非繁殖季雄鸟整体为沙色，嘴短而窄，嘴下部两侧各有一块三角形黑斑，具有白色的眉纹和领圈，其淡黄褐色覆羽常是与其他相似鸟类进行区分的特征之一。繁殖季的雄鸟头部和喉部均为黑色。常站在芦苇顶部，眺望远方。
【食　　性】以昆虫为主食，也食用植物种子和嫩芽。
【生　　境】多栖息于溪流、湖泊旁的柳树、芦苇丛中和平原的灌木丛中。

苇鹀雌鸟

芦鹀

- 【英 文 名】Common Reed Bunting
- 【学 　 名】*Emberiza schoeniclus*
- 【分类信息】雀形目鹀科
- 【保护等级】《国家保护的有重要生态、科学、社会价值的陆生野生动物名录》
- 【体　　长】15～17 cm
- 【描　　述】繁殖季的芦鹀雄鸟头黑色，颈环及其颊纹白色，上体栗黄色，排列着规则的黑色纵纹。雌鸟与非繁殖季雄鸟头部赤褐色，眼上方有白色眉纹，颊纹白色，嘴下两侧有着褐色纵纹。芦鹀和苇鹀外形相似，但芦鹀体型稍大，其棕红色的小覆羽可作为它与苇鹀的区分特征之一。芦鹀常站在芦苇枝上随风摇摆，也会在芦苇丛中悠哉悠哉地磕着芦苇秆，搞出噼里啪啦的动静。常集小群在地面或芦苇丛中窜飞。
- 【食　　性】主要取食植物性的杂草种子，也吃一些昆虫。
- 【生　　境】栖息于湿地附近的芦苇丛、灌丛和草地中。
- 【观 鸟 tip】迁徙季基地北部池塘和水坑附近有时能见到芦鹀，通常站立在高草丛或灌木丛中。

附录：关于观鸟的一些问答

问：什么是观鸟？

答：观鸟（birding）指的是在自然环境中利用望远镜等设备对野生鸟类进行观察、识别、记录的活动。观鸟最早于18世纪兴起于英国和北欧，现在已经发展成全世界最流行的户外活动之一。作为全世界鸟类多样性最高的国家之一，我国也有着得天独厚的观鸟资源。近几十年来，观鸟在我国变得日益普及，观鸟爱好者数量与日俱增，越来越多的爱好者在鸟类识别方面达到了专业水准。

问：观鸟有什么好处？

答：观鸟的好处是很多的。首先，它为众多久居城市的人打开了一扇通往自然、亲近生灵的大门，观鸟者不仅可以学习到很多直观、丰富的动物知识，也可以从中放松身心、陶冶性情。其次，观鸟也有很好的健身价值，观鸟者的心肺功能在跋涉过程中会不知不觉地得到改善，时常困扰上班族的颈椎疾病也能得以缓解。再次，观鸟有助于提高人的专注力、纪律性和细致作风，对各年龄段的学生而言都是很好的素质教育项目。最后，观鸟可以帮助建立起人们对大自然和野生动物的感情，还能积累大量不可多得的本底观测数据，为鸟类的科研与保护发挥重要推动作用。

问：怎样开始观鸟？需要做哪些准备？

答：观鸟的门槛并不高。最不可或缺的装备是一台双筒望远镜（放大倍数在8倍或10倍为佳），其次就是一本观鸟手册或者鸟类图鉴。当然，如果能配备一台具备长焦镜头的相机进行拍摄记录就更好，不过这并非必须。此外，微信小程序"懂鸟"也是学习观鸟的得力助手，从上面可以方便地查询到各种鸟类的形象特征、分布区域和保护级别，也能对拍摄到的照片协助进行物种鉴定，当然并不一定准确。对初学者而言，最重要的还是结合鸟类图鉴进行鸟种识别，不能过多依赖软件。

问：初学者可以从哪里开始观鸟？

答：自然环境较好（特别是有一些小树林和池塘）的小区和校园都是不错的观鸟场所，可以先在这里学会辨识一些常见鸟类，并积累一些观察、拍摄方面的经验。若计划去野外观鸟，首选地点是湿地公园，特别是还保留了一些天然滩涂和植被的地方。在具备一定经验之后，可以尝试去森林练习观鸟。目前我国很多城市都有专门从事自然教育或组织观鸟活动的机构，它们时常会针对初学者开设一些物美价廉甚至完全免费的入门培训，也会针对有一点基础的爱好者在国内外组织各种观鸟营之类的商业活动。

问：呼和浩特市有哪些推荐的观鸟地点？

答：本书提到的沙尔沁基地就是很理想的观鸟场所，鸟类的六大生态类群在这里都能见到。除此以外，市区的南湖公园与大黑河沿岸、土默特左旗的海流水库、和林格尔县的石嘴子水库和托克托县的哈素海都是很好的观鸟地，其中不乏国家一、二级保护动物。

问： 观鸟有哪些注意事项？

答： 首先是要注意个人的安全与健康。在使用望远镜时不要正对阳光或强烈反射阳光的水面直视，否则容易导致眼睛受伤。在观鸟或拍摄时要留意脚下，牢记不要一边行走一边抬头观鸟，否则容易"一失足成千古恨"。另外，在湿地观鸟时要提防溺水和陷入淤泥，在海滨活动时更要注意潮汐和离岸流。出野外最好穿长筒雨靴，不仅有利于跋涉，还有助于防蛇。此外，根据当地天气，适当做好防晒、防虫等方面的措施。

其次是要注意对自然环境和鸟类的保护。牢记观鸟本身应该是一项对自然友好的生态旅游，不要为了看清鸟或拍到鸟对鸟进行长时间的惊扰，更不能破坏鸟巢、偷取鸟蛋。相比拍到一张漂亮的照片，让鸟类健康地栖居成长要重要得多。

问： 观鸟，观什么？

答： 对于不同层次或不同背景的观鸟者而言，观鸟的内容或者说重点往往是不同的。大部分观鸟爱好者特别是初学者会非常重视个人观察鸟种的积累（所谓"加新"）和相近鸟类的识别。有拍摄爱好的观鸟者则往往会特别留意捕捉观察对象所呈现出来的视觉美感。观鸟者目前普遍存在这样两种倾向，其一是只关注保护级别高或者形象惊艳的物种，对于常见物种则不屑一顾；其二是只注意鸟种的记录与识别，却忽视了对鸟类行为与形态变化的关注。这两种倾向都是有些肤浅的，可能会错过很多更加有趣的发现。要知道即便是很多看起来不起眼的鸟类，我们对它们的认知也还十分有限。如果具备更多的知识储备，学会了带着问题去观察，一定会有更多令人拍案叫绝的发现。在此推荐张瑜老师的《那些动物教我的事》和童文菲的《怎样理解一只鸟》，这两本书会让你从自然观察中收获更多的启迪与乐趣。